Volker Arzt

Kluge Pflanzen

Wie sie locken, lügen
und sich wehren

GOLDMANN

Verlagsgruppe Random House FSC-DEU-0100
Das FSC®-zertifizierte Papier *Profibulk* von Sappi
für dieses Buch liefert Igepa 2H-Papier.

2. Auflage
Taschenbuchausgabe Mai 2011
Wilhelm Goldmann Verlag, München,
in der Verlagsgruppe Random House GmbH
Copyright © der Originalausgabe 2009
by C. Bertelsmann Verlag, München,
in der Verlagsgruppe Random House GmbH
Agentur: WDR mediagroup licensing GmbH
Bildredaktion: Dietlinde Orendi
Umschlaggestaltung: UNO Werbeagentur, München
in Anlehnung an die Gestaltung der HC-Ausgabe
(R-M-E Roland Eschlbeck und Rosemarie Kreuzer)
Umschlagabbildung: © Altrendo Nature / Getty Images
JS · Herstellung: Str.
Druck und Bindung: Těšínská tiskárna, a.s., Český Těšín
Printed in Czech Republic
ISBN: 978-3-442-15672-6

www.goldmann-verlag.de

Inhalt

Prolog

Seit Jahrzehnten nagt sich »Die kleine Raupe Nimmersatt« in die Herzen der Kinder und ebenso der vorlesenden Eltern und Großeltern. Frech, mit rotem Kopf und grünem Körper, der sich wie ein Katzenbuckel krümmt, blickt sie uns auf der Umschlagseite an. Das Büchlein mit seinen robusten Kartonseiten und leuchtend bunten Farben erzählt in knappen Sätzen und bunten Bildern, was die kleine Raupe, kaum ist sie – knack – aus dem Ei geschlüpft, so alles fressend durchlöchern kann: Früchte vor allem und Blätter und alles Mögliche und Unmögliche – vom Kuchen bis zum Eis am Stiel. Schließlich ist sie groß genug, um einen Kokon zu spinnen und ihn nach mehr als zwei Wochen wieder zu verlassen – als wunderschöner Schmetterling.

Schon Zweijährige haben ihre Freude daran – vor allem, weil die Fraßlöcher echt gestanzt sind. Man kann den Finger hindurchstecken und Raupe spielen.

Auch die Erwachsenen sind begeistert von der fröhlichen Geschichte mit der fleißig fressenden Spannerraupe und dem bunten Happy End. Aber so ganz nebenbei, ohne dass es den Vorlesenden bewusst würde, wird hier auch eine Wertung vermittelt: Tiere zählen mehr als Pflanzen. Die Sympathie gehört der niedlich krabbelnden, hungrigen Raupe. Sie beansprucht unsere Aufmerksamkeit, weckt unser Mitgefühl – und schließlich sogar Bewunderung, wenn sie als farbenfroher Falter die Flügel ausbreitet. Über eine Doppelseite hinweg!

Pflanzen hingegen kommen als Lebewesen nicht vor. Ihre Früchte und Blätter werden auf eine Stufe gestellt mit toten Kuchen- oder Käsestücken. Sie sind nichts als Raupenfutter. Natürlich steckt dahinter keine indoktrinierende Absicht, sondern eher eine Art unbewusster Befangenheit: Tiere stehen uns näher als Pflanzen. Wie wir haben sie Augen und Beine – und Hunger. Es fällt leichter, sich in ihre Lage und Nöte zu versetzen – schließlich gehören wir selbst dem Reich der Tiere an.

Wohl deshalb kommt es uns kaum in den Sinn, einmal die Seite zu wechseln und die Geschichte aus der Sicht der Pflanzen zu erzählen und niederzuschreiben. Etwa wie ein Samenkorn auf der Erde liegt. Wie daraus – knack – ein kleines, durstiges Pflänzchen kommt. Wie es eine Wurzel nach unten in die feuchte Erde schiebt und einen Stiel mit zwei winzigen Blättchen der Sonne entgegenstreckt. Geschafft! Jetzt kann die kleine Pflanze sich selbst versorgen. Mit dem Licht, das vom Himmel kommt, und dem Wasser, das sie aus dem Boden saugt. So wird sie satt und wächst Tag für Tag ein winziges Stückchen in die Höhe. Sie bekommt ein neues Blatt. Und noch eines und noch eines. Und ihre Wurzeln bohren sich immer tiefer in die Erde.

Doch dann passiert es. Eines Morgens kriecht eine fette Raupe über ein junges, noch zartes Blatt. Gierig beißt sie in das frische Grün und nagt und nagt. Bis das Blatt ein großes Loch bekommt. Die Raupe scheint niemals satt zu werden. Schon marschiert sie zum nächsten Blatt. Jetzt muss die Pflanze etwas tun, wenn sie nicht aufgefressen werden will. Und sie tut etwas. In ihren Wurzeln braut sie einen giftigen Saft zusammen und pumpt ihn nach oben in die Blätter. Das wirkt! Die Raupe hat sich gerade über ein drittes Blatt hergemacht – da wird ihr schlecht. Keinen Bissen mehr kriegt sie hinunter. Sie krabbelt davon, so schnell sie kann. Jetzt kann die Pflanze wieder ungestört wachsen. Und wenige Tage später öffnet sie eine wunderschöne, bunt leuchtende und herrlich duftende Blüte.

So ungefähr könnten wir die Geschichte erzählen – wenn wir weniger voreingenommen wären und die Pflanzen als Lebewesen ernster nähmen. Dann würden unsere Jüngsten auch »Die kleine Pflanze Immersatt« in ihr Herz schließen.

Einleitung

Dass Pflanzen weit unter den Tieren rangieren – diese Einschätzung ist tief in unserer Geistesgeschichte verwurzelt. Der griechische Philosoph Aristoteles, dessen Schriften über zwei Jahrtausende das Naturverständnis des Abendlandes prägten, billigte den Pflanzen zwar die Fähigkeit zu Ernährung und Vermehrung zu, aber er hielt sie, im Gegensatz zu Tieren, für unfähig, ihre Umwelt wahrzunehmen und auf sie zu reagieren. Das scheint – auf den ersten Blick – nicht unvernünftig, denn Pflanzen haben weder Nasen noch Ohren, sie zeigen keinen Gesichtsausdruck, sie geben keinen Laut von sich, und bei Gefahr bleibt ihnen nichts, als festgewurzelt auszuharren.

Aristoteles konnte nicht wissen, dass sie dennoch hochempfindlich auf ihre Umgebung reagieren. Auf Gerüche zum Beispiel: Im Gewächshaus der Pennstate University bekamen wir striktes Parfüm- und Rasierwasserverbot. Ohne es zu wissen, hatten wir uns in die Duftkommunikation der Versuchspflanzen eingeschaltet.

Die grünen Wesen reagieren auf alles, was für sie lebenswichtig ist: auf Wetterbedingungen, Bodenbeschaffenheit oder Nachbarpflanzen. Sie unterscheiden Farben, sie weichen Hindernissen aus oder nehmen Berührungen wahr, für die selbst unsere Fingerkuppen zu unsensibel sind. Zudem spüren sie, wenn sie angefressen oder verletzt werden, und antworten mit raffinierten Verteidigungsstrategien. Häufig identifizieren sie sogar die Art des Angreifers und richten ihre Verteidigung maßgeschneidert nach dessen Schwächen aus. Dabei gehen sie nicht nur als Einzelkämpfer vor, sondern kommunizieren mit anderen Pflanzen aus der Nachbarschaft. Und mit Tieren. Sogar mit Tieren unter der Erde! Die Fähigkeit, Tiere für sich einzuspannen, um die eigene Unbeweglichkeit wettzumachen, zieht sich wie eine geniale Grundidee durch die Geschichte der Pflanzen.

Fast täglich werden neue, intelligent anmutende Verhaltensweisen aus dem Reich der Pflanzen gemeldet – untermauert durch penible Messungen im Labor und im Freiland. Doch merkwürdigerweise steckt das aristotelische Bild von den passiven, stumpfen Pflanzen immer noch in unseren Köpfen. Aus Ignoranz, Voreingenommenheit oder geistiger Bequemlichkeit? Jedenfalls hätten sich unsere Streifzüge durch Wüsten, Wiesen und Forschungsinstitute gelohnt, wenn sie ein wenig den Blick für die verborgenen Fähigkeiten der Pflanzen öffnen könnten. Ich denke, es macht einen Unterschied, ob wir uns von blinden Wachstumsrobotern umgeben fühlen oder von sensiblen Lebewesen, die vor denselben Grundproblemen stehen wie wir. Auch Pflanzen kommen klein auf die Welt, müssen sich Nahrung suchen und erwachsen werden. Sie müssen sich gegen Konkurrenten durchsetzen und gegen Feinde wehren – allein oder mit Verbündeten. Sie müssen die richtigen Sexualpartner finden, um Nachwuchs zu zeugen, und sie müssen dafür sorgen, dass dieser Nachwuchs zwar behütet heranreift, sich aber irgendwann von der Mutter löst und hinauszieht in die weite Welt.

Zugegeben, das klingt nicht sehr botanisch. Wer es für unzulässig vermenschlichend hält, dem sei versichert, dass es mir nicht darum geht, Pflanzen, Tiere und Menschen in einen Topf zu werfen. Doch den großen »evolutionären Herausforderungen« wie Wachstum, Konkurrenz, Sexualität oder Vermehrung können sich Pflanzen ebenso wenig entziehen wie wir. Und häufig finden sie Lösungen, die uns verblüffend intelligent erscheinen. Mitunter sogar ausgebufft und hinterhältig. Davon handelt dieses Buch. Und von jüngsten Entdeckungen, die ahnen lassen, dass das Reich der Pflanzen noch ein Dickicht voller Geheimnisse und Überraschungen ist. Vielleicht zu dicht, um es jemals durchdringen zu können. Ian Baldwin, einer der führenden Pflanzenforscher, bringt es auf den Punkt: »Die Frage ist weniger, ob Pflanzen intelligent sind, als vielmehr, ob wir intelligent genug sind, sie zu verstehen.«

KAPITEL 1

Orientierung:
Die Schwerkraft weist den Weg

Kluge Pflanzen bei Tisch

»La Mirabelle« in der Bundesstraße gilt als Geheimtipp. Französische Küche zu passablen Preisen. Pierre Moissonnier empfängt seine Gäste persönlich. Die weiße, in Doppelreihe geknöpfte Jacke signalisiert den Küchenchef; die Jeans darunter stellen klar, dass es hier trotz *Cuisine francaise* bodenständig zugeht – ohne das Brimborium eines abgehobenen Nobelrestaurants.

Wir sind willkommen, werden trotz unserer nur seltenen Besuche wie Stammgäste begrüßt – und so fühlen wir uns auch. Jedes Mal nach einer Filmabnahme in Hamburg zieht es uns ins »Mirabelle«. Eine Art Abschlussritual für unsere Tierdokumentationen. Fast zwei Jahre haben wir an einem Film über »Kluge Vögel« gearbeitet, haben über Drehbüchern gebrütet, uns an Höhenflügen berauscht, gegen Abstürze gekämpft. Jetzt braucht es ein deutliches Zeichen für das Ende der Produktion. Monsieur Moissonnier soll es richten.

Für Dieter Kaiser, Leiter der Tierfilmredaktion des WDR, ist ein gepflegtes Mahl mit seinen Filmemachern mehr als nur leiblicher Genuss. Es bildet den Abschluss eines gemeinsam durchstandenen Abenteuers (angesichts all der Zufälle und Überraschungen, die Tierfilme immer zum Wagnis machen). Und es bietet den Nährboden für zukünftige Projekte. Nach dem Film ist vor dem Film – so könnte das heimliche Motto unserer Zusammenkunft lauten. Mit den ersten Getränken und Vorspeisen dürfen denn auch Visionen und Wunschprojekte auf den Tisch – verschrobene, utopische, manchmal auch vernünftige. Nichts ist tabu. Fast nichts. Jeder weiß, oder hat es lernen müssen, wie ich, dass Dieter Kaiser keine unappetitlichen Themen duldet. Nicht beim Essen und schon gar nicht im »Mirabelle«. Für ihn ist eine gediegene Mahlzeit auch ein ästhetisches Ereignis, zu dem eklige Bilder genauso wenig passen wie ein verschwitztes Hemd. Selbstverständlich hat er sich umgezogen für den Restaurantbesuch: weißes Hemd, kariertes Designersakko, unauffällig, aber von feiner Qualität, die man erst auf den zweiten Blick bemerkt.

Was mir als Wunschthema vorschwebe, fragt Dieter noch während der Vorspeise, wenn sich zufälligerweise die Gelegenheit... ihr wisst ja, ich habe kein Geld, der WDR ist arm... aber erst mal Prost, mein Arzt hat mir gesagt, ich soll drei Liter täglich trinken... Es folgt ein Toast auf die gemeinsame Arbeit. Ein wirklich guter Tropfen, den Monsieur Moissonnier da empfohlen hat.

Ich höre, wendet sich Dieter mir wieder zu, und plötzlich finde ich unser Essen nicht mehr so entspannt. Eine Situation von früher drängt sich überdeutlich auf. Damals hatte ich beim Abendessen ein Filmprojekt über Symbiose angeboten und als Beispiel die Arbeit unserer symbiontischen Darmbakterien angeführt. Dieter Kaiser hatte nur angewidert das Gesicht verzogen: Darmbakterien. Igitt! Zwei Worte, die meinen Vorschlag vom Tisch fegten. Das Symbiosethema war erledigt. Definitiv.

Um jetzt etwas Zeit zu gewinnen, nehme ich noch einen Schluck – lasse es so aussehen, als könne kein Themenvorschlag mit diesem köstlichen Wein konkurrieren. Ich höre immer noch, drängt Dieter flapsig aufmunternd. Und so spreche ich es aus, das Unwort, das gegen die Grundregeln des Natur-

und Tierfilms verstößt: Pflanzen. Ich würde gerne einen Film über Pflanzen machen.

Lauter Profis am Tisch. Lauter gestandene Tierfilmer. Jeder weiß es oder hat es oft genug hören müssen, dass bestimmte Themen im Naturfilm einfach »nicht gehen«. Filme über Insekten zum Beispiel. Die haben regelmäßig schlechte Zuschauerquoten. Selbst Filme über Fische oder Korallen gelten als problematisch. Hauptdarsteller im Tierfilm haben möglichst groß und erhaben zu sein, wie Löwen und Elefanten. Sie sollen Mimik zeigen oder zumindest kuschelig sein wie Koalas oder Eisbärbabys. Und jetzt: Pflanzen. Pflanzen, die nicht einmal krabbeln oder fliegen können. Von einem Gesichtsausdruck ganz zu schweigen. Niemand sagt etwas, aber mir ist, als mische sich ein Hauch von Peinlichkeit in die bis dahin so gute Atmosphäre im »Mirabelle« – als hätte ich einen Witz erzählt und die Pointe vermurkst.

Dieter schiebt ein Blättchen Salat in den Mund und sagt nur: Und was sollen die Pflanzen tun? Immerhin, meine Pflanzen scheinen sich länger zu halten als die Darmbakterien seinerzeit. Ich erwähne einen Fachartikel mit der Überschrift: »Plants like us« – Pflanzen wie wir. Das treffe die Situation. Pflanzen seien ähnlich dran wie wir. Sie müssten Partner finden, Gefahren abwehren, Konkurrenten klein halten usw. Ernähren müssten sie sich selbstverständlich auch. Ernähren! – Ich hätte mich auf die Zunge beißen mögen. Genau das wollte ich vermeiden: eine profane Verbindung zu unserem Abendmahl herzustellen. Bevor ich den Faden wieder aufnehmen kann, werden, von Ohs und Ahs begleitet, unsere Menüs serviert. Dumm gelaufen.

Dieter, jetzt ganz Kaiser, räuspert sich und schaut vielsagend in die Runde: Ich lege Wert auf die Feststellung, dass ich die Nahrungsaufnahme der Pflanzen im Vergleich zu der unseren als höchst langweilig einstufe. Guten Appetit.

Der eloquente Einwand ruft lautes Gelächter hervor. Ich

höre mich mitlachen – obwohl mir nicht zum Lachen ist. Warum nur habe ich die Pflanzen auf den Tisch gebracht? Dieter greift zu Messer und Gabel, blickt nochmals auf und vergewissert sich, dass alle zuhören: »Kluge Pflanzen. Das machen wir. Bis wann könnt ihr liefern?«

Es wurde ein wunderschöner Abend im »Mirabelle«. Das Restaurant hat seinem Namen Ehre gemacht.

Was die Zwiebel im Kühlschrank spürt

Ahnungslos öffne ich den Kühlschrank und entdecke sie – auf der Seite liegend. Sie ist verändert. Kaum wiederzuerkennen. Und ich zögere, sie zu berühren.

Es ist nicht das erste Mal, dass ich eine Zwiebel im Gemüsefach vergessen habe und dass sie anfängt zu keimen, aber diesmal sehe ich sie mit anderen Augen. Das genehmigte Filmprojekt hat meine Sichtweise verändert – als hätten »Die klugen Pflanzen« die Kontrolle in meinem Kopf übernommen. Sie bewerten und selektieren: Was zu diesem Thema gehört, wird bevorzugt wahrgenommen und beschleunigt durch das Netz von Neuronen und Synapsen geleitet – grüne Welle für die Pflanzen.

Meine vergessene Zwiebel streckt mir ein Bündel weiß-blasser Arme entgegen. Nur am äußersten Ende zeigen sie einen Anflug von Grün. Jung und zart schieben sie sich aus dem Zwiebelgehäuse – erst seitlich, dann in entschiedenem Schwung nach oben. Und eben das sticht mir ins Auge: Die Zwiebelsprosse sind um die Kurve gewachsen, haben einen Haken nach oben geschlagen – himmelwärts. »Sie recken sich zum Licht!«, schießt es mir durch den Kopf. Und im nächsten Augenblick merke ich den Widersinn: Es gab kein Licht, nach dem sie sich hätten recken können; die Triebe sind in dunkler Nacht erwacht und gewachsen. Ihren Bedarf an Nährstof-

Abb. 1: Kerzengerade wachsen die Bäume in die Höhe. Sie haben einen Sinn für die Schwerkraft, der ihnen mitteilt, wo es nach oben geht.

fen und Energie haben sie aus dem eigenen Zwiebelkörper geholt – selbst das Wasser hat er geliefert. Entsprechend schlapp und ausgelaugt liegt er jetzt da: Die braunen Schalen sind ein paar Nummern zu groß geworden.

Irgendwie haben die jungen Zwiebelsprosse gespürt, wo oben ist – selbst im kalten, dunklen Gemüsefach. Aber wie? Wie finden Pflanzen ihren Weg nach oben? Bäume am Steilhang zum Beispiel? Warum wachsen sie nicht im rechten Winkel aus dem Boden – so wie Kinder ihre ersten Schornsteine aufs schräge Dach zeichnen? Stattdessen richten sie ihren Stamm an der Schwerkraft aus – als hätten auch sie, wie die Kaminbauer, ein Lot zur Verfügung.

Ein ähnliches Gespür für Gravitation besitzen die Wurzeln. Sie schlagen bekanntlich den Wachstumsweg nach unten ein – die einen senkrechter, die anderen flacher, aber stets gezielt und gesteuert. So auch meine Küchenzwiebel. Ich habe sie – nachdem sie so zielstrebig ihrer kulinarischen Bestimmung entwachsen war – angemessen befördert und ihr eine neue Stelle angeboten: im Gartenbeet. Zum Wurzelschlagen in die feuchte Tiefe – für die Zeit danach, wenn der Eigenvorrat an Wasser und Nährstoffen aufgebraucht ist.

Die Tatsache, dass Stängel in die Höhe und Wurzeln in die Tiefe wachsen, ist so gewöhnlich und erscheint uns so banal, dass allenfalls noch Kinder darüber staunen. Und Wissenschaftler. Auch Wissenschaftler wundern sich nach wie vor über den Schweresinn der Pflanzen, und bis heute macht er ihnen gehöriges Kopfzerbrechen (Abb. 1).

Mit Statolithen im Lot

Vor über hundert Jahren entdeckten Botaniker kleine Stärkekörnchen, sogenannte Statolithen, in bestimmten Zellen der Wurzelspitze. Unter dem Mikroskop waren sie in dünn geschnittenen Präparaten klar zu erkennen, sie konnten sogar blau eingefärbt und fotografiert werden. Aber sie »live« in einer lebenden Wurzelspitze zu beobachten war technisch unmöglich. Und so konnte man über die Aufgabe der Stärkekörner zunächst nur spekulieren. Sind sie einfach Energiespeicher für knappe Zeiten? Oder sind sie am Schwerkraftsinn der Pflanzen beteiligt – als Richtungsweiser? Da die Statolithen – der Schwerkraft folgend – immer nach unten sinken, könnten sie tatsächlich der Wurzel den Weg in die Tiefe weisen.

Die Idee hat viel für sich. Denn wenn ihre Spitzen abgetrennt werden, schlingern die Wurzeln orientierungslos durch den Boden – das war schon Charles Darwin zwanzig Jahre zuvor aufgefallen. Hinzu kommt, dass Pflanzen nicht die einzigen Lebewesen mit Schweresteinchen sind: Nicht nur wir Menschen, sondern die meisten Tiere – vom Wurm bis zum Wal – nutzen Statolithen, um ihre Lage im Raum zu erspüren: wo oben und wo unten ist, ob sie aufrecht stehen oder schräg oder ob sie auf dem Rücken liegen.

Geradezu schulbuchmäßig demonstrieren das Flusskrebse – wenn man experimentell etwas nachhilft. Bei ihnen liegen die Schweresteinchen nicht im Innern des Körpers, sondern außen, in winzigen Einstülpungen des Chitinpanzers. Diese Grübchen sitzen am Ansatz der Fühler und sind mit einem Teppich von Sinneshärchen ausgekleidet. In der Regel übernehmen kleine Sandkörnchen die Rolle der Statolithen. Wie Murmeln in einer Schüssel kullern sie immer nach unten an die tiefste Stelle der Grube – und wechseln somit ihre Position, wenn der Krebs in eine Schieflage gerät. Über die Sinneshärchen und ihre Nervenableitungen werden Gehirn und Muskulatur über die neue Lage unterrichtet. Einfach, aber wirkungsvoll. So erfährt der Flusskrebs die Richtung der Schwerkraft und kann aufrecht auf seinen zehn Beinen stehen (Abb. 2). Nur bei der Häutung gerät alles aus dem Gleichgewicht, denn mit dem Abstoßen des Chitinpanzers gehen auch

Abb. 2: Ein Hummer in Aktion. Winzige Steinchen, sogenannte Statolithen, melden ihm – wie auch anderen Dekapoden wie dem Flusskrebs – seine Lage im Raum. Pflanzen nutzen dasselbe Prinzip.

die Steinchen verloren – und mit ihnen die Orientierung. Der Krebs muss möglichst rasch für Nachschub sorgen: Zielstrebig füllt er neue Sandkörnchen als Statolithen in die Grube. Wenn er welche findet…

Genau an diesem Punkt setzt das Experiment an: Der Sand wird durch Eisenkörnchen ähnlicher Größe ersetzt – ein Angebot, das der Krebs ohne zu zögern annimmt; denn auch die Eisenteilchen, sobald er sie in die Grübchen bugsiert hat, vermitteln ihm nach der Häutung wieder ein solides Gespür für oben und unten. Sein Sinn für die Schwerkraft ist zurückgekehrt.

Allerdings ist dieser Sinn jetzt hochgradig manipulierbar geworden. Ein Magnet in seiner Nähe versetzt den Krebs in eine merkwürdig schräge und unnatürliche Körperhaltung: Er kippt regelrecht zur Seite – und stellt sich wieder gerade, sobald der Magnet auf Distanz geht. Das lässt sich beliebig wiederholen. Fernsteuerung durch Magnetkraft. Tatsächlich werden die eisernen Statolithen magnetisch angezogen und etwas aus ihrer ursprünglichen Lage verrückt; sie täuschen dem Krebs eine veränderte Richtung der Schwerkraft vor. Und er richtet seinen Körper danach aus. Versuche dieser Art haben erstmals den Beweis erbracht, dass Tiere kleine Steinchen, eben die Statolithen, benutzen, um sich Informationen über die Schwerkraft zu verschaffen.

Selbst das menschliche Gleichgewichtsorgan im Innenohr macht da keine Ausnahme; unsere Schwerkraftsensoren (in *Utriculus* und *Sacculus*) arbeiten mit kleinen Steinchen aus Kalk, die in Gallertmasse eingebettet sind.

Bei einem derartigen Universaleinsatz im Reich der Tiere liegt es verführerisch nahe, den Statolithen der Pflanzen eine ähnliche Aufgabe zuzuschreiben – als Richtungsweiser für unten und oben: Die Wurzeln folgen der Richtung der Steinchen, der Spross aus Stängel und Blättern orientiert sich genau entgegengesetzt. So könnte es sein. Vieles spricht dafür. Doch wo liegen die handfesten Beweise – Beweise von der Überzeugungskraft der »magnetisierten« Krebse?

Die gläserne Zelle

Seit über dreißig Jahren gehört es zu meinen filmischen Wunschträumen, ins Innere einer wachsenden Wurzelspitze zu sehen und mit der Kamera aufzunehmen, was die Steinchen dort treiben. Damals, in den Siebzigerjahren, habe ich für eine Kindersendung ziemlich hartnäckig versucht, die Statolithen live in Aktion zu zeigen. In einer lebenden Pflanzenzelle. Vergeblich. Die Wurzel hätte durchsichtig sein müssen, aber zugleich völlig intakt und wachstumsfähig. Zudem hätten wir ein liegendes Mikroskop benötigt, damit die Wurzelspitze in Richtung Schwerkraft wachsen kann. Damals habe ich aufgegeben, doch der Traum ist geblieben: gleichsam im Cockpit einer Pflanzenzelle zu sitzen und zu erleben, wie die Wurzel eine Wachstumskurve beschreibt und sich dabei an ihren Statolithen orientiert – ähnlich wie ein Pilot an seinem künstlichen Horizont.

Jetzt, Jahrzehnte später, geben mir »Die klugen Pflanzen« eine zweite Chance. Ich unternehme einen neuen Anlauf und rufe in der Universität Bonn an. Im Institut für Molekulare Physiologie und Biotechnologie der Pflanzen, Abteilung Gravitationsbiologie. Vorsichtig erkläre ich, dass ich nach einer filmischen Möglichkeit suche, die Statolithen in einer lebenden Pflanzenzelle …

Ja, kein Problem, das machen wir Ihnen, sagt Markus Braun, der Leiter der »Gravitationsbiologie«, und freut sich über meine Verblüffung. Für uns ist das kein Problem, gehört zum Forschungsalltag. Wann wollen Sie denn kommen?

Mir ist zum Jubeln zumute. Der Gipfel, an dem ich vor Jahrzehnten gescheitert war, scheint plötzlich besteigbar! Und zwar problemlos. Forschungsalltag sei das. Was meinen inneren Jubel schon wieder etwas dämpft: Wenn es so problemlos ist, warum habe ich es nicht auch geschafft? Jedenfalls sind meine Erwartungen groß, als wir mit unserem Kameraequipment in Bonn antreten. Wie ist den Wissenschaftlern das Unmögliche gelungen? Wie können sie ins Innere einer wachsenden Wurzel schauen, als wäre sie aus Glas?

Die Antwort ruht auf dem schlammigen Grund des Bonner Schlossteichs. Jens Hauslage und Nicole Greuel – beide Nachwuchswissenschaftler am Institut – knien auf der Uferbefestigung und versuchen mit ausgestreckten Armen den Teichgrund zu erreichen. Oder genauer: das Gestrüpp von Algenpflanzen, das den Grund überzieht. Es sind gewöhnliche Armleuchteralgen oder *Chara,* wie sie botanisch korrekt heißen. Sie erinnern ein wenig an kleine Schachtelhalme, denn vom Stängel zweigt in regelmäßigen Abständen ein Quirl von Seitenarmen ab. Jens und Nicole pflücken ein paar Hände voll, stopfen sie in ein Becherglas – und schon haben sie ihr

Abb. 3: Armleuchteralgen wachsen in flachen Teichen. Abgerissene Stücke bilden zentimeterlange fadenförmige Fortsätze, um sich wieder im Boden zu verankern. Diese Rhizoide bestehen aus einer einzigen durchsichtigen Zelle.

wissenschaftliches Forschungsmaterial für die nächsten Tage zur Hand (Abb. 3).

Geradezu verwirrend unspektakulär mutet das an. Es geht um botanische Spitzenforschung, und wir holen ein bisschen Grünzeug aus dem Schlossteich im Botanischen Garten von Bonn. So hätte man es auch vor zweihundert Jahren machen können. Keine Spur von Exotik. Keine seltene Orchidee von einem der letzten weißen Flecken der Erde. Stattdessen ein Nullachtfünfzehn-Gewächs, das man mit hochgekrempelten Ärmeln aus einem Tümpel ziehen kann. Warum gerade Armleuchteralgen?

Jens klärt mich auf: Diese Algen seien für Biologen ein echter Glücksfall, weil sie in besonderen Notsituationen Riesenzellen von mehreren Zentimeter Länge ausbilden. Zentimeter?, frage ich ungläubig nach, denn Pflanzenzellen sind normalerweise mikroskopisch klein. Ja, ja, eine fadenförmige Zelle, nur ein dreißigstel Millimeter dick, aber einen bis drei Zentimeter lang; ich könne sie nachher im Labor bewundern. Sie sei eine Art Notausrüstung für den Fall, dass ein Stück der Pflanze abreißt und davondriftet…

Jens kommt richtig in Fahrt, wenn er mit leuchtenden Augen von der Überlebensstrategie seiner Algen berichtet. Sobald ein *Chara*-Stückchen an einen anderen Ort gespült wird, kann daraus, wie bei Stecklingen, eine komplett neue Pflanze austreiben. Als erste Maßnahme, um nicht weiter fortgeschwemmt zu werden, muss sie sich schleunigst im Boden verankern. Dazu schiebt sie in knapp vierundzwanzig Stunden ebenjene wurzelähnliche Riesenzelle ins Erdreich. Senkrecht nach unten. Dieser Anker ist keine echte Wurzel, sondern ein sogenanntes Rhizoid, das lediglich zum Festhalten im Boden dient, aber keine Nährstoffe aufnimmt.

Dass die Zelle bei ihrem Wachstumsspurt in die Tiefe Statolithen als Wegweiser einsetzt, wird niemanden verwundern. Aber zur Überraschung und Freude der Biologen lässt sie jeden dabei zusehen, der Interesse hat: Die Riesenzelle ist völlig transparent. Eine Zelle wie aus Glas. Der Blick in ihr Inneres kann geradezu süchtig machen. Unter dem Mikroskop bahnen sich reißende Partikelströme ihren Weg. Sie teilen sich und umströmen den Zellkern wie eine Insel im Fluss. Und immer machen sie den Eindruck, als hätten sie es eilig, als gäbe es etwas zu erledigen.

Besonders interessant wird es unten in der Rhizoidspitze. Hier kullert ein knappes Dutzend bräunlicher Statolithen. Im Mikroskop erscheinen sie rund und handlich wie Kieselsteine – in Wirklichkeit sind sie hundertmal so klein wie ein Sandkorn. »*Chara* macht ihre Statolithen aus Bariumsulfat«, erklärt Jens, »das ist besonders schwer – viermal so schwer wie die Zellflüssigkeit.« Doch die massiven Steinchen haben sich keineswegs abgesetzt wie Kiesel im Flussbett. Sie scheinen dicht über dem Boden zu wippen und zu tänzeln, als würden sie von einem unsichtbaren Netz gehalten. Und genau so sei es, erläutert Jens: die Statolithen kullern nicht frei herum, sondern bewegen sich in einem elastischen Netz aus Molekülsträngen, das die ganze Zellspitze durchzieht.

Kaum zu glauben. Im kurzen Zeitraum von Jens' Erklärung ist die Rhizoidspitze durch das gesamte Blickfeld des Mikroskops gewachsen und am unteren Rand verschwunden. Ein atemberaubendes Tempo. Ob sie ähnlich rasant in die Kurve geht?

Jens stellt den Zellfaden quer, dreht ihn in die Horizontale. Bei seinem liegenden Spezialmikroskop ist das nur ein Handgriff; für mich ist es die Premiere eines lang erträumten Schauspiels: Vor meinen Augen setzen sich die Statolithen zitternd in Bewegung (Abb. 4a und 4b). Sie folgen der Schwerkraft, die sie jetzt in eine neue Richtung zieht – nach unten zur Wand des Zellfadens. Schon nach zwei Minuten treffen die ersten dort ein, und der »Steinschlag« wird offensichtlich wahrgenommen: Wie auf ein Kommando weicht die Rhizoidspitze von ihrem Wachstumspfad ab und leitet eine Abwärtskurve ein. Eine saubere Kurve ohne Schlingern oder Nachsteuern – als säße ein versierter Pilot am Steuer, der die obere Zellwand beschleunigt und die untere gebremst wachsen lässt. Die Steinchen rutschen entsprechend nach, und sobald die Spitze in die Senkrechte einbiegt, nehmen auch sie ihre angestammte Position wieder ein: ein deutliches Signal an die Zelle, ihr Kurvenwachstum zu beenden. Und weiter geht's auf einer langen Abwärtsgeraden – Richtung Erdmittelpunkt (Abb. 4c).

Der Wurzelfaden hat nicht einmal zwei Stunden gebraucht, um wieder ins Lot zu kommen. Eine rasante Bewegung in den Zeitdimensionen einer Pflanze. Allerdings, so Jens, reagiere jedes *Chara*-Rhizoid unterschiedlich schnell. »Die sind wie kleine, sensible Persönlichkeiten; die einen mögen keine Temperaturänderungen, andere haben was gegen Luftkontakt, und manche düsen einfach wie Weltmeister um die Kurve – sobald ihre Statolithen es befehlen.«

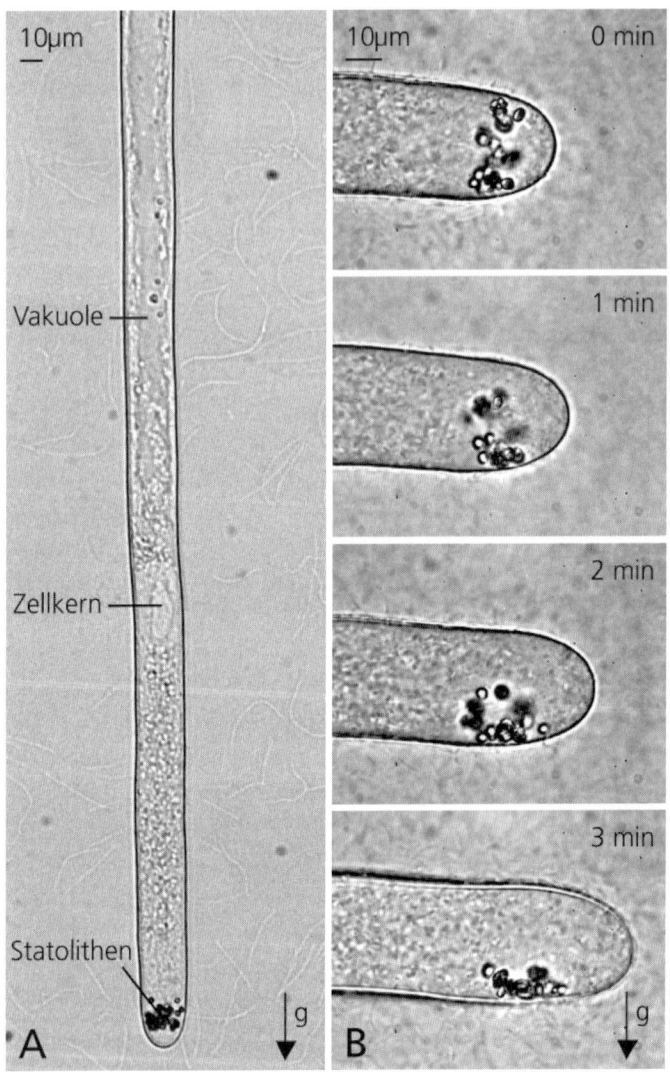

Abb. 4a: Unten in der Zellspitze setzen sich schwere Bariumsulfatteilchen ab. So erkennt die Zelle die Richtung der Schwerkraft.

Abb. 4b: Stellt man den Zellfaden quer, dauert es etwa drei Minuten, bis die Statolithen abwärtsgesunken sind.

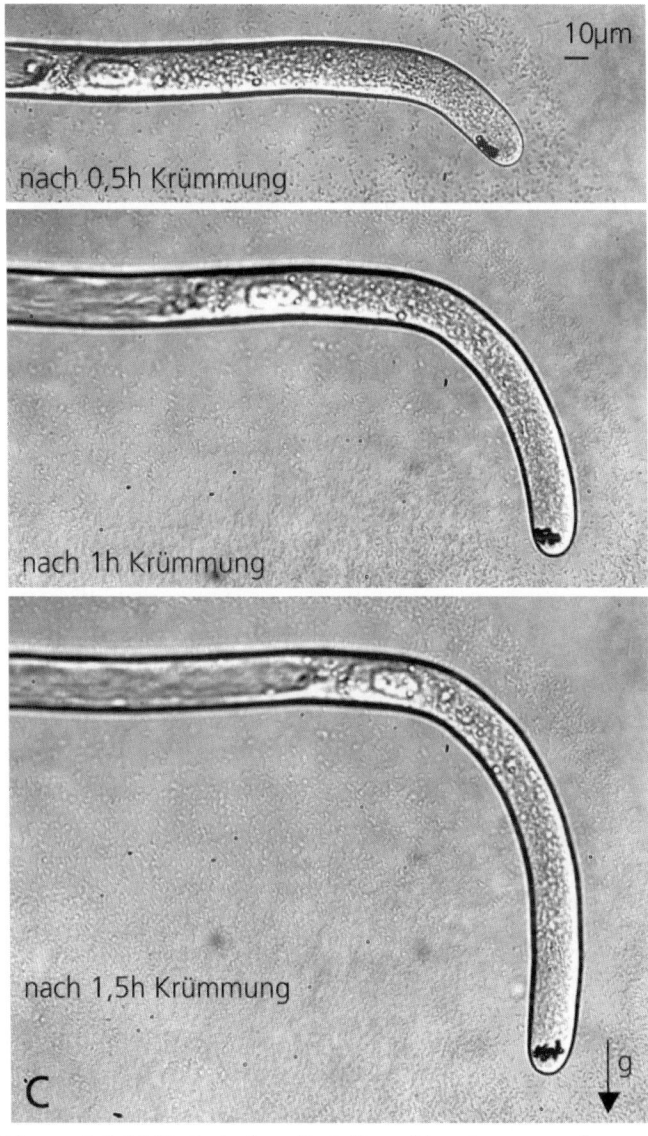

10μm

nach 0,5h Krümmung

nach 1h Krümmung

nach 1,5h Krümmung

C

g

Abb. 4c: Sobald die Steinchen die Zellwand berühren, veranlassen sie ein Kurvenwachstum – bis der Zellfaden wieder im Lot ist.

Die Armleuchteralgen aus dem Bonner Schlossteich haben uns ihr Inneres preisgegeben; sie haben uns vor Augen geführt, wie Pflanzen ihre Lage im Raum wahrnehmen und diese, wenn nötig, korrigieren. Wie Menschen und Tiere richten sie sich dabei nach der Position ihrer Statolithen – eine einheitliche Patentlösung der Natur für die unterschiedlichsten Lebewesen!

Und doch gibt es dabei einen fundamentalen Unterschied, der die Gravitationsbiologen in Erklärungsnot stürzt. Die Statolithen der Tiere lösen Nervensignale aus und melden so dem Organismus ihre momentane Position. Pflanzen haben keine Nerven. Wie dann erfahren sie, wo die Steinchen liegen? Irgendwie muss auch eine Wurzelzelle ihre Statolithen lokalisieren. Aber wie? »Wir wissen es einfach nicht – noch nicht«, sagt Jens, und er sagt es so, dass es eher wie eine Ankündigung klingt, er werde es bald wissen. Was er denn vermute, frage ich und erfahre erst einmal, was die Mehrzahl der Forscher vermutet. Demnach spiele das Gewicht der Statolithen die entscheidende Rolle: Sie drücken auf die Innenwand der Zelle, dellen sie etwas ein und verformen sie. Der Druck der Steinchen also sei der Auslöser für alle weiteren Signale und Reaktionen der Zelle.

»Klingt doch plausibel«, stelle ich eine Spur provozierend fest. Was ihn denn störe an diesem Bild.

»Dass es vermutlich falsch ist.« Die Antwort kommt knapp und selbstbewusst. Dann die Erklärung: »Unsere bisherigen Parabelflüge sprechen dagegen. Der nächste ist im September; dann wissen wir mehr. Hoffentlich.«

Schwerelos: Algen im Airbus

Parabelflüge sind für Gravitationsbiologen ein fantastisches, extravagantes Mittel, die Schwerkraft außer Kraft zu setzen,

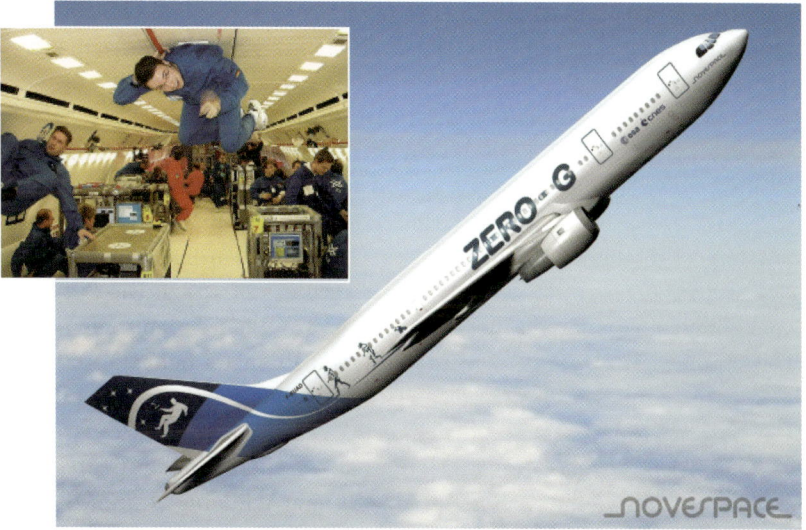

Abb. 5: Mit dem Airbus in die Schwerelosigkeit. Das Forschungsflugzeug ZERO-G fliegt einen exakten Parabelkurs und simuliert so den »freien Fall«. Die Schwerkraft ist aufgehoben.

ohne dass sie dabei in einer Raumstation um die Erde kreisen müssen. Schon die ersten Astronauten wurden auf diese Weise bei der US Airforce auf die Schwerelosigkeit vorbereitet. Und als der Film »2001: Odyssee im Weltraum« gedreht wurde, ließ der Regisseur Stanley Kubrick seine Akteure tatsächlich schwerelos schweben. Auf einem Parabelflug (Abb. 5).

Die Idee stammt aus den Fünfzigerjahren und ist – im Prinzip jedenfalls – denkbar einfach: Ein Flugzeug imitiert den freien Fall und versetzt dabei alles und jeden in die Schwerelosigkeit. Das hört sich problemlos an – nach einem simplen Kunstflugmanöver über den Wolken. Doch in Wirklichkeit ist es eine äußerst aufwendige Angelegenheit.

Sechs Uhr morgens auf dem Flughafen Köln/Bonn. Hochbetrieb im Terminal West, obwohl dort weder Fracht noch Passagiere abgefertigt werden. Das ganze Terminal steht heute für die Parabelflüge des DLR, des Deutschen Zentrums für Luft- und Raumfahrt, zur Verfügung. Ein Forschungsereignis der besonderen Art – es wird den Wissenschaftlern auch körperlich einiges abverlangen. Überall haben sich Grüppchen von Professoren, Doktoranden und Studenten gebildet, in einheitlich blauer Uniform. Sie diskutieren über Datenausdrucke und Computeranzeigen. Leise, konzentriert. Nur manchmal ein geradezu befreiendes Lachen. Dazwischen – unübersehbar in ihren schrill orangefarbenen Overalls – die französischen Flugbegleiter. Halb scherzhaft werden sie *Flight Marshalls* genannt, denn während des Flugs sind ihre Anweisungen strikt zu befolgen. Jetzt beantworten sie ebenso locker wie professionell alle aufkommenden Fragen. Was tun, wenn man Durst hat? Wenn einem schlecht wird? Wenn man pinkeln muss? Fernsehleute führen erste Interviews. Die medizinische Abteilung gibt Pillen gegen Brechreiz aus. Und vor dem riesigen Glasfenster zum Rollfeld parkt das größte Forschungsflugzeug Europas: ein Airbus A300. »Zero-G«, das Kürzel für »Schwerkraft null«, steht in großen Lettern auf dem Rumpf.

Ohne Sitze kommt mir der Innenraum des Flugzeugs groß wie eine Halle vor – eine Turnhalle, um genau zu sein. Der Fußboden ist mit weichen, weiß-grauen Matten ausgelegt, an den Wänden sind Handläufe montiert, und im Zwei-Meter-Abstand spannen sich rote Haltegurte zwischen Boden und Decke. Der Raum wirkt einladend, fast kuschelig; nirgendwo gibt es Haken, Ecken oder Kanten, alles ist abgepolstert. Das fliegende Großlabor scheint für herumtollende Kinder gemacht zu sein. Selbst die fest verankerten Experimentierregale sind sorgfältig mit Schaumstoff und Klebeband umwickelt und erinnern mit ihren abgerundeten Winkeln an zu groß geratene Playmobil-Spielzeuge.

Zwanzig Forschungsteams verschiedenster Disziplinen prüfen ein letztes Mal ihre Versuchsaufbauten. Auch Jens und Nicole haben ihre Pflanzenproben sicher verstaut; ein Computerschirm zeigt ihr Wachstum an. Alles Zubehör wie Zentrifuge und Schockgefrieranlage arbeitet einwandfrei. Es kann losgehen. Überall angespannte Erwartung: Was wird die Schwerelosigkeit ausrichten? Bei den Experimenten und bei den Experimentatoren?

6100 Meter über der Nordsee. Geschwindigkeit 825 km/h. Eine Vorwarnung an die Passagiere. Dann geben die Piloten Vollgas und ziehen die Maschine in einer Kurve steil nach oben. Zwanzig Sekunden lang. Danach der entscheidende Augenblick: Flugkapitän Gilles Le Barzic kündigt die Schwerelosigkeit an. Er drosselt die Triebwerke – so weit, dass sie gerade noch den Luftwiderstand ausgleichen; er neigt die Tragflächen so, dass sie den Auftrieb kompensieren – kurzum: Durch seine Steuertricks fliegt die Maschine weiter, als bewege sie sich antriebslos durch einen luftleeren Raum, nur noch der Schwerkraft gehorchend. Dieser »freie Fall« führt zunächst auf einer Parabelbahn noch tausend Meter weiter aufwärts, bis der Schwung der Maschine aufgebraucht ist. Aber schon jetzt

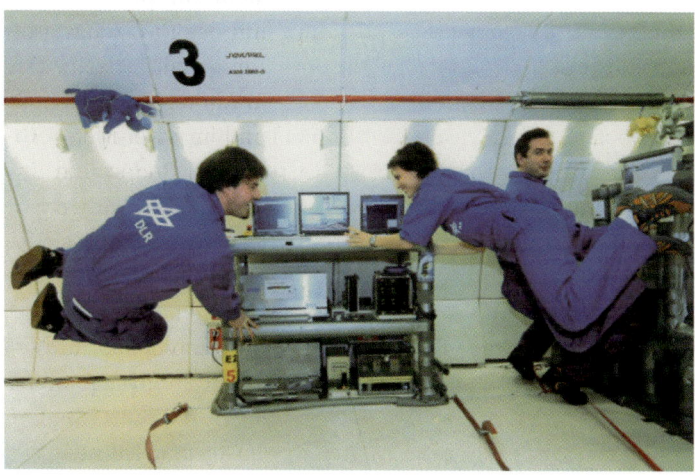

Abb. 6: Jens Hauslage und Nicole Greuel vor ihrer Messapparatur mit *Chara*-Algen. Schwerelosigkeit für 22 Sekunden. Auch für die Pflanzen.

herrscht Schwerelosigkeit an Bord. »Zero-G«. Und dieser Zustand bleibt erhalten, während der Airbus den Scheitelpunkt durchfliegt und ab jetzt tatsächlich die Parabelbahn abwärts fällt. Insgesamt zweiundzwanzig Sekunden Schwerelosigkeit. Erst dann fängt der Kapitän die Maschine wieder ab und geht in den Horizontalflug über. Eine reife und hochkomplexe fliegerische Leistung. Sie verschafft den Wissenschaftlern an Bord das völlig neue Körpergefühl der Gewichtslosigkeit, und jeder geht damit anders um. »Erstflieger« halten sich krampfhaft an Griffen und Gurten fest. Routiniers wie Jens und Nicole schweben lachend kopfüber durch den Raum und nehmen erst kurz vor Rückkehr der Erdenschwere wieder einen soliden Standpunkt ein (Abb. 6). Die *Flight Marshalls* haben alles im Blick. Auch die Mimik ihrer Passagiere. Noch bevor du merkst, dass dir schlecht wird, sind sie mit der Spucktüte bei dir – so heißt es anerkennend von ihnen.

Dreißig Parabelmanöver im Abstand von drei Minuten. Insgesamt über zehn Minuten Schwerelosigkeit. Für ein intensives Erlebnis genügt das allemal; und selbst für Pflanzenwurzeln reicht die Zeitspanne, um ihr Wachstum gegebenenfalls neu auszurichten. Wie also reagiert die Wurzelspitze, wenn ihre Statolithen plötzlich gewichtslos werden? Das war ja die wissenschaftliche Frage, die mit dem ungewöhnlichen Airbus-Flug geklärt werden sollte. Was passiert, wenn mitten im Kurvenwachstum der Druck der Steinchen unterbrochen wird? Unterbricht auch die Wurzel ihre Kurve? Weil sie auf das Gewicht der Steinchen angewiesen ist? »Keineswegs«, zieht Jens noch im Flugzeug ein erstes, begeistertes Fazit, »die krümmt sich weiter, als wäre nichts geschehen.« Das sei der Beweis, dass die Wachstumssignale nicht durch den Druck der Statolithen ausgelöst werden, sondern bereits durch ihren Kontakt. Schon die sanfteste »gewichtslose« Berührung reiche aus.

»Wirklich ein schönes Ergebnis. Jetzt wissen« wir, in welche Richtung wir weiterforschen müssen.« Jens ist hochzufrieden.

Lachend schaut er zu Nicole hinüber: »Und Spaß hat es auch gemacht.«

Ein teurer Spaß, könnte man einwerfen. So viel Einsatz und Aufwand für ein Puzzlesteinchen der botanischen Grundlagenforschung. Wird es sich irgendwann einmal auszahlen? In der Landwirtschaft? Auf Weltraumflügen? Vielleicht. Vielleicht auch nicht. Man wird dieser Art Forschung nicht gerecht, wenn man sie nur unter dem Gesichtspunkt potenzieller Nützlichkeit oder eines finanziellen Payback beurteilt. Als fragende und sinnsuchende Lebewesen haben wir neben materiellen auch geistige Bedürfnisse. Davon zeugen Philosophie und Literatur, Musik und all die anderen Künste, die wir als Bereicherung erleben. In diese Reihe gehört auch die Grundlagenforschung. Sie trägt unserem Bedürfnis Rechnung, die Welt zu begreifen, die wir mit anderen Lebewesen teilen. So gesehen erwirtschaftet Grundlagenforschung – auch wenn sie sich nicht unmittelbar auszahlt – ein Plus für die Gesellschaft: einen Gewinn an Lebensqualität. Seit den Anfängen der Technik profitieren wir von gut gewachsenen Baumstämmen; wir nutzen sie für Schiffsmasten, Hebebäume oder Balken. Doch zu verstehen, was die Bäume zu solchen Stämmen befähigt, steht auf einem anderen Blatt – das wir bis heute nicht zufriedenstellend lesen können.

Parabelflüge jedenfalls tragen dazu bei, dem uralten Geheimnis der Pflanzenorientierung ein Stück näherzukommen. Zu verstehen, wie schon die jungen Keimlinge es anstellen, nach oben zum Licht und nach unten zu Wasser und Nährstoffen zu wachsen. Mit anderen Worten: Ihr Schweresinn ist der erste Wegweiser zu Energie und Nahrung.

KAPITEL 2

Ernährung: Insekten als Zwischengericht

Lehrstück auf den Tafelbergen Venezuelas

Die Ernährung der Pflanzen ist nicht gerade spektakulär. Über der Erde sammeln ihre Blätter Licht und Kohlendioxid, und aus dem Boden ziehen die Wurzeln Wasser und über ein Dutzend verschiedener Nährstoffe. Vor allem Mineralsalze für den Stickstoff-, Schwefel- oder Phosphorbedarf.

Spannender – zumindest aus filmischer Sicht – wird es in Notfällen, wenn die Standarernährung nicht mehr ausreicht und die Pflanzen zusätzlich Jagd auf Tiere machen – als fleischfressende Pflanzen.

Fleischfressende Pflanzen? Ja, gut. Aber was will man da noch Neues berichten? Schon Charles Darwin hat ein ganzes Buch über sie geschrieben. Kein Biologieunterricht lässt sie aus, und im Internet werden Venusfliegenfallen für die Fensterbank angeboten. Ein reichlich abgegrastes Thema, sage ich mir. Aber war da nicht doch was? Irgendeine merkwürdige Meldung, über die ich vor Jahren einmal gestolpert war? Mein Gedächtnis kriegt sie nicht mehr zu fassen – bis auf einen winzigen Anhaltspunkt: drei Fragezeichen. Es muss eine Zeitungsnotiz gewesen sein, und ich habe drei übergroße Fragezeichen an den Rand gemalt. Die stehen mir noch vor Augen. Was hatte mich damals so beunruhigt und meine Zweifel geweckt – gleich dreifach???

Abb. 7: Die Tafelberge Venezuelas ragen weit über den Regenwald hinaus. Auf ihren Hochflächen gedeihen fleischfressende Pflanzen besonders gut.

Ich baue auf meinen größten externen Speicher – einen hölzernen Apothekerschrank mit 36 Schubladen. Eine davon trägt die Aufschrift »Skurriles«. Und hier werde ich tatsächlich fündig: Unter einem Artikel über Softpornos für Fische liegt die Schwarz-Weiß-Fotografie einer Kannenpflanze von der Insel Borneo. Diese Pflanze habe laut Bildlegende in einer Stunde sechstausend Termiten gefangen und verdaut. Meine drei Fragezeichen am Rand scheinen auch jetzt mehr als berechtigt. Sechstausend in einer Stunde! Das ist schlecht vorstellbar. Es sei denn, die Insekten würden sich lemminghaft in die Kannentiefe stürzen. Aber warum sollten sie?

Ich tippe auf einen Druckfehler. Oder eine Falschmeldung. Denn Kannenpflanzen überstürzen nichts; sie lassen sich Zeit – reichlich Zeit. Das habe ich vor vielen Jahren auf einer Filmexpedition zu den Tafelbergen Venezuelas lernen müssen (Abb. 7). Diese *Tepuis* genannten Berge sind mächtige Sandsteinmassive, die wie ein Archipel von Felseninseln über den tropischen Regenwald hinausragen. Ihre Hochplateaus liegen zwei- bis dreitausend Meter über den Baumwipfeln und sind alles andere als tafelähnlich glatt. Wir wurden von einer wild zerklüfteten Steinlandschaft mit spitzen Felsnadeln und tiefen Canyons empfangen. Dazwischen bunte, tellergroße Oasen aus Pflanzenpolstern und immer wieder auch Sumpfwiesen mit fremdartigen Gewächsen. Erst nach einiger Zeit wurde uns klar, dass wir von einem Heer von fleischfressenden Pflanzen umgeben waren. Und dass diese Anhäufung keine Laune der Natur, sondern Ausdruck purer Not ist.

Fast jeden Tag gehen auf den Hochplateaus sintflutartige Gewitterregen nieder – gespeist von den Wasserdampfmassen des tropisch feuchten Tieflandes. Hinzu kommen Windböen, die den Regen zu scharfen Strahlen bündeln und diese wie feine Meißel in das Gestein treiben. Fast alle Mineralien und Nährstoffe werden so aus dem ohnehin mageren Sandsteinboden herausgewaschen und weggespült. Unwiederbringlich. In gigantischen Wasserfällen – der Angel-Fall mit rund 980 Metern gilt als der höchste der Welt – stürzen die Fluten zurück in den Regenwald.

Die Pflanzen auf der Hochfläche gehen leer aus. Lebenswichtige Nährstoffe wie Stickstoff-, Schwefel- oder Phosphorsalze sind Mangelware im Boden; mehr als kümmerliches Wachstum scheint kaum möglich. Normalerweise. Doch hier auf den Tafelbergen ist die Norm gesprengt. Hier reagieren die Pflanzen mit einer fast unverschämt genialen Antwort auf ihre Notsituation: Sie wachsen über ihr Pflanzendasein hinaus und wagen den Übergriff ins Reich der Tiere.

Statt mit ihren Wurzeln den Boden immer aufwendiger nach spärlichen Resten zu durchforsten, machen sie sich über krabbelnde und geflügelte Nährstoffpakete her. Sie fangen und fressen Insekten – als hätten sie es gierigen Tieren abgeschaut.

Die Fangtechniken sind unterschiedlich, doch stets werden gewöhnliche Blätter zu ungewöhnlichen Fallen umgebaut. Da lauern bewegliche Tentakel mit klebrigen Tröpfchen – ähnlich wie bei unserem Sonnentau. Dort warten Tausende grüner Röhren – aufgerollte Blätter von Brocchinien, einer endemischen Pflanzenart, die nur auf den Tafelbergen wächst. Die Röhren geben sich harmlos wie kleine Schornsteine, zwanzig bis dreißig Zentimeter hoch. Doch die Innenwände sind spiegelglatt, und was als idealer, unverfänglicher Landeplatz erscheint, wird schnell zur tödlichen Fallgrube. In anderen Worten: Insekten haben es nicht leicht in dieser Gegend.

Und wie sollen sie den Sonnenamphoren (*Heliamphora*) widerstehen, diesen auffälligen Kannenpflanzen, die gleich mit drei verschiedenen Reizen locken? Mit Farbe, Duft und Geschmack. Der Name ist gut gewählt. »Amphore« meint den grünen Fangbehälter, der wie ein Sektkelch aus dem Boden wächst und zu etwa einem Drittel gefüllt ist: mit Regenwasser – plus Zutaten. Die Regenmengen schwanken zwar, doch die Kannenpflanze reguliert den Pegelstand durch Saug- und Pumpdrüsen in der Kelchwand. Vor allem aber reichert sie das Wasser mit organischen Säuren und Eiweiß spaltenden Enzymen an und wandelt so das Regenwasser in eine zersetzende Flüssigkeit. Die Amphore arbeitet als Pflanzenmagen.

Auch die »Sonne« ist unübersehbar. Ein Auswuchs des Kelchrandes schwingt sich wie eine Bogenlampe bis über die Mitte der Kelchöffnung, und dort verbreitert er sich tatsächlich zu einer Art Lampenschirm. Leuchtend rot. Auffällig schon von Weitem. Zudem wirkt er als Duftstrahler, verströmt ein attraktives Duftbouquet, das Fliegen, Ameisen oder Käferchen anlocken soll. Und wer diesen vielversprechenden Signalen folgt, wird – zunächst einmal – großzügig entlohnt: Aus dem roten Lampenschirm quellen feine, süße Nektartröpfchen, vor allem auf der Unterseite. Hier wird wirklich etwas geboten (Abb. 8).

Der Aufwand wirkt imponierend, selbst wenn man weiß, dass er den Sonnenamphoren nur dazu dient, sich den Magen vollzuschlagen. Und dies mit unfairen Mitteln: Duft und Farbe

Abb. 8: Die Sonnenamphoren (*Heliamphora*) kommen nur auf den Tafelbergen vor. Mit rot leuchtenden Duftstrahlern locken sie Insekten an.

locken auf den falschen Weg. Die Nektartröpfchen sind als Köder gedacht. Sie sollen Besucher dazu verführen, sich Schritt für Schritt auf immer glatteres Terrain vorzuwagen, bis sie, ganz in ihr süßes Mahl vertieft, plötzlich den Halt verlieren. Der Absturz in den Kelch ist der hinterhältige Zweck der ausgefeilten Fallenkonstruktion. Die meisten Insekten schaffen es zwar, sich zappelnd durch den Verdauungssaft zu kämpfen und die Kelchwand zu erreichen – doch dort erwartet sie ein Überhang abweisender Borstenhaare, und auch die Kelchwand selbst ist mit einem schlüpfrigen Wachsbelag überzogen. Entrinnen so gut wie unmöglich.

Fast könnte man Mitleid mit den Insekten bekommen. Geködert, gefangen, gefressen. Sie sind Opfer pflanzlicher Raffinesse – die Millionen Jahre brauchte, um sich herauszubilden.

Auch wir fühlten uns angezogen von diesen auffälligen Kannenpflanzen. »Die machen was her«, lobte der Kameramann. Etwas später: »Jetzt bitte ein Bienchen.« Und noch später: »Ich brauche Action. Wo bleiben die Insekten?«

Über eine Stunde blieben wir in Bereitschaft, doch die Action wollte sich nicht einstellen. Dann lief plötzlich eine Ameise über den Kannenrand. Wir hielten den Atem an, ihren Absturz schon vor Augen. Das Tierchen wirkte ganz unbekümmert, erkletterte sogar die rote Laterne… Aber genauso unbekümmert krabbelte es wieder hinunter und davon. Hätten wir nicht froh sein sollen über die wundersame Rettung? Waren wir aber nicht.

Einen geschlagenen Nachmittag lang warteten wir darauf, dass die fleischfressende Pflanze endlich Fleisch fressen würde. Nichts. Dann kam der Regen. Schlagartig und lautstark. Keiner wollte es zugeben, aber das erzwungene Drehende war auch eine Erleichterung. Ich hasse dieses öde Warten, das zugleich von Anspannung und Unruhe geprägt ist. Wo man sich nur auf die Hoffnung konzentriert, dass etwas passiert, was dann doch nicht passiert. Schluss damit. Zügig verstauten wir die Kameras in wasserdichten Plastiksäcken, stürzten uns in unsere Regenjacken und Gummistiefel und hatten das gute Gefühl, nichts zu verpassen. Kein Käfer und kein Bienchen könnten sich einen Flug durch diese herunterklatschenden Wassermassen erlauben. Abmarsch ins Lager. Morgen würden wir zurückkommen.

Als unsere Sonnenamphore auch am nächsten und übernächsten Tag kein einziges Insekt erbeuten konnte, gaben wir auf – zu viel stand noch auf dem Programm. Natürlich war das ein Fehlschlag für unseren Film, aber zugleich eine Lektion: Ich musste mein Bild von den gierigen, räuberischen Pflanzen revidieren. Kannenpflanzen mögen zwar Fleisch fressen – die Kadaver am Kannenboden belegen es –, aber sie haben keine Eile damit. Sie lassen es geruhsam und gemächlich angehen – gezwungenermaßen, denn auch Insekten haben eine Lehrzeit von Millionen Jahren hinter sich und fallen nicht auf jede Falle herein. Bei aller Hinterhältigkeit und Täuscherei: Auch fleischfressende Kannenpflanzen leben nicht im Schlaraffenland. Das war die Lehre, die ich von der damaligen Expedition mitnahm.

Und jetzt das: sechstausend in einer Stunde, behauptet meine »skurrile« Zeitungsmeldung. Das wären fast zwei Termitenopfer pro Sekunde. Welche Kannenpflanze soll das leisten? Und vor allem, wie? Immerhin, die Bildunterschrift nennt eine deutsche Forscherin namens Marlis Merbach, die ihre Entdeckung im renommierten britischen Fachblatt »Nature« publiziert habe. Also doch keine botanische Zeitungsente? Vielleicht ist *Nepenthes albomarginata* – auch dieser Name wird genannt – wirklich die gefräßigste Pflanze der Welt. Dann will ich unbedingt wissen, wie sie das macht, und dann gehört sie unbedingt in unseren Film. Mein Jagdeifer erwacht. Ich beschließe, Marlis Merbach irgendwie ausfindig zu machen.

Die gefräßigste Pflanze der Welt

Ein paar Monate später schaue ich aus dem Fenster einer Boeing 747 der Royal Brunei Airlines auf das Südchinesische Meer mit seinem großflächig verzweigten Kräuselmuster aus Dünung und Strömung. Beruhigendes Meeresblau. Nur an einigen Stellen, wo aufquellende Kumuluswolken ihro Schatten werfen, scheinen sich schwarze Abgründe aufzutun. Eine grandiose Wasserwelt. Nur die winzigen, wahllos verteilten Fischerboote, Frachtschiffe und Tanker wirken wie aus einer anderen, geschäftigen Welt. Sie degradieren den mächtigen Ozean zum schlichten Transportmedium.

Ansage zur Landung und kurvenreicher Anflug auf Bandar Seri Begawan, die Hauptstadt des Sultanats Brunei. Die kleine Rosette auf den Monitoren über den Sitzreihen folgt den Kurven wie eine Kompassnadel, auch wenn sie nicht zum Nordpol weist, sondern zum religiösen Pol des Islam. Jeden Augenblick zeigt sie die Richtung nach Mekka an. Brunei, der kleine, reiche Ölstaat an der Nordküste Borneos, hat eine wechsel-volle, siebenhundertjährige Geschichte hinter sich, aber er war von Anfang an ein islamischer Staat.

Sanftes Aufsetzen, beruhigendes Rollgeräusch, Ende des Achtzehn-Stunden-Flugs. Mein Kopf ist entsprechend ausgelaugt und leer. Doch der erste Atemzug tropischer Luft scheint auch mein psychisches Vakuum zu füllen; das Unbekannte und Ungewisse bläst die Müdigkeit davon. Werden wir unsere mysteriöse Kannenpflanze finden? Lassen uns die Behörden überhaupt filmen? Und vor allem: Wird Marlis Merbach am Flughafen sein?

Der Zollbeamte versucht, uns gerade klarzumachen, dass unsere Papiere nicht ausreichen, da kommt sie – mit selbstsicheren Schritten alle Absperrungen und Zurufe des Personals ignorierend – und schwenkt zwei goldgelbe, in Plastik eingeschweißte Presseausweise. Den einen für mich, den anderen für Brian McClatchy, unseren Kameramann. Beide aus dem Büro des Premierministers von Brunei Darussalam. Das macht Eindruck. Minuten später ist unsere Ausrüstung durch den Zoll. Marlis hat sich erfolgreich eingeführt. Ob sie die Killerpflanzen ähnlich gut im Griff haben wird …?

Marlis Merbach wirkt trotz ihrer randlosen Brille kein bisschen akademisch. Im Gegenteil, mit ihrer Khakihose und der Weste über dem T-Shirt, die fast nur aus Taschen besteht, kommt sie bodenständig und zünftig daher. Gemeint ist die Zunft der Freilandbiologen.

Ich hatte Marlis kurz in Deutschland getroffen und vereinbart, dass sie mit Dennis, ihrem Mann und Fachkollegen, vorausreist, um das Nötigste zu recherchieren. Wo gibt es Standorte von *Nepenthes albomarginata*? Wie sind sie mit Kameragepäck erreichbar? Brauchen wir einen Geländewagen?

Wie immer, so Marlis ohne Umschweife, gebe es eine gute und eine schlechte Nachricht. Zum Glück sei der schönste Standort von *Albomarginata* noch intakt – eine Waldlichtung, die sie »das Paradies« getauft habe. Allerdings, und das ist die schlechte Nachricht, sei das Paradies zurzeit schwer erreichbar – nur über einen morastigen Waldweg, also zu Fuß mit Gummistiefeln oder im Geländewagen; aber es gebe keine Geländewagen zu mieten.

Zur Erläuterung der paradiesischen Lage holt Dennis einen *Google Earth*-Ausdruck von Nordborneo hervor. »Brunei aus dem Weltraum. Da werdet ihr euch wundern.« Wir wundern uns in der Tat, denn auf dem Satellitenbild zeichnet sich das Staatsgebiet von Brunei deutlich als dunkelgrüne Fläche ab – fast so, als hätten wir eine politische Landkarte vor uns. Dennis schiebt die Erklärung gleich nach: »Die haben so viel Öl vor der Küste, dass es sich nicht lohnt, den Wald abzuholzen. Brunei ist grün.« Nicht so im unmittelbar angrenzenden malaysischen Teil von Borneo: Hier habe man bereits so großflächig gerodet, dass es zum Himmel respektive Weltraum schreie. Dennis verpasst ungern ein Bonmot. Doch bevor er Anerkennung ernten kann, landet Marlis' Zeigefinger im dunkelgrünen Bereich: »Hier ist unser Paradies, da müssen wir hin.«

»Und wenn es vorher durchs Fegefeuer geht«, ergänzt Dennis.

Es kommt mir nicht in den Sinn, dass diese Bemerkung mehr als ein Metaphernspiel sein könnte. Erst später erfahre ich, dass Marlis von Kollegen auch Marlis Maßlos genannt wird. Weil sie, wo andere aufgeben, Grenzen nicht gelten lassen will und weil sie ihre Ziele nicht zu hundert, sondern zu hundertzwanzig Prozent angeht. Wir sollten es noch erleben.

Dennis kramt nach seinem Geldbeutel. »Und wenn alles schiefgeht, nehmen wir die... kostet genau fünf Brunei-Dollar.« Er reicht mir einen grasgrünen Fünf-Brunei-Dollar-Schein, der neben dem Porträt des Sultans (in seinen besten Jahren) den Kupferstich einer Kannenpflanze zeigt. »Leider die falsche«, bemängelt Marlis, »keine *Albomarginata*, wir sollten mit dem Sultan reden.«

Das Handy klingelt – »der Sultan!«, tönt es rundum. Während Marlis ein offensichtlich erfreuliches Gespräch entgegennimmt, erklärt mir Dennis, dass der Handyempfang in Brunei überall sichergestellt sei, selbst im dichtesten Urwald. Forschung hier sei Luxusforschung. »Wir haben einen Jeep ins Paradies«, verkündet Marlis strahlend.

Bei den Kannenpflanzen von Brunei

Am nächsten Morgen fahren wir auf einer bequemen Asphaltstraße bis zur Abzweigung des Matschwegs. Hier funkelt ein Jeep in der Sonne. Makellos und frisch gewaschen. Ulmar Grafe, ein Kollege von Marlis, erwartet uns vergnügt. Er wolle auch mal ins Paradies und fahre uns gerne dorthin. Ulmars Spezialgebiet sind Frösche – er steckt voller Froschgeschichten, die fast märchenhaft klingen. Eine Art zum Beispiel verbringe ihr gesamtes Kaulquappenstadium in Kannenpflanzen, das könne er uns hoffentlich noch zeigen. Eine andere lebe an einem Wasserfall, der so laut sei, dass er jedes Quaken übertöne. Hier legt Ulmar eine Spannungspause ein – und auch einen kleineren Gang, denn der Weg wird immer abenteuerlicher –, dann liefert er die Pointe: Die Frösche halten's wie im Volkslied: … wenn ich mein Schatz nicht rufen kann, tu ich ihm wi-i-nken. Die Männchen quaken nicht mehr, um die Weibchen anzulocken, sie winken ihnen zu – mit einer weithin sichtbaren Handbewegung. In Gedanken sehe ich schon die Filmsequenz vor mir, die mit tosendem Gischt und Wasserschleier beginnt; dann die Schärfenverlagerung auf ein dahintersitzendes Männchen, das engagiert seine Froschhand mit Schwimmhäuten schwenkt: Hallo, hier! – Ich bin im falschen Film. Wir suchen eine Pflanze, die mehr Insekten fängt als irgendein Frosch.

Wider Erwarten geht es nur langsam voran. Immer wieder

Abb. 9: Im Sumpfwald Borneos. Wir sind mit den Biologen Marlis und Dennis Merbach auf dem Weg zur gefräßigsten Pflanze der Erde.

Abb. 10: Kannenpflanzen mit dem Beinamen *Ampullaria*. Die Becher sind mit Verdauungsflüssigkeit gefüllt und warten auf eine Mahlzeit von oben.

Abb. 11: Kaum zu glauben: Die nur fingergroße »Killerpflanze« *Nepenthes albomarginata* fängt bis zu 6000 Termiten in der Stunde.

sind große Äste über den Weg gestürzt, und wir müssen sie gemeinsam beiseiteräumen oder mit der Machete eine Durchfahrt hauen (Abb. 9).

Schließlich tritt der Wald etwas zurück, der Weg wird trocken; wir sind im Paradies. Schon beim Aussteigen stolpere ich über Kannenpflanzen, die wie kleine bauchige Gefäße direkt auf dem Boden stehen. Halb gefüllt. *Nepenthes ampullaria,* belehrt mich Marlis (Abb. 10). Auf Kopfhöhe in den Bäumen hängen zierliche Kelche: *Nepenthes gracilis.* Niedliche Namen für brutale Insektenfallen. Und dann sehe ich sie gleich dutzendweise. Direkt am Wegesrand stehen die Kelche, hinter denen wir her sind. Sofort zu erkennen an dem weißen Rand, der ihnen zum Beinamen *Albomarginata* verholfen hat. Die Kannen sind kaum länger als ein Finger, grün und unauffällig. Enttäuschend unauffällig – gemessen an anderen fleischfressenden Pflanzen, die meist in leuchtend roten Farben locken und sich an prominenten Plätzen präsentieren. *Albomarginata* wirkt geradezu bescheiden. Irgendwie hatte ich mehr erwartet (Abb. 11). Die gefräßigste Pflanze der Erde – derart harmlos?

Marlis kennt solche Zweifel offenbar nicht: »Sind die nicht großartig?« Sie hebt eine Kanne etwas an, ohne sie abzureißen, und kippt den Inhalt in die Handfläche: eine trübe Flüssigkeit mit ein paar kümmerlichen Insektenresten. Nichts Aufregendes. Auch der nächste Kelch ist so gut wie leer. *Albomarginata* bleibt weit hinter ihrem Ruf zurück.

Marlis lässt sich durch die beiden Blindgänger nicht irritieren. Und obwohl auch die dritte Kanne beim Umstülpen nichts zutage fördert, ist der Triumph in ihrer Stimme unüberhörbar: Die wird's. Sie kramt ihr Taschenmesser aus der Weste, öffnet mit einem chirurgischen Längsschnitt den Kelch – und heraus quillt eine dunkle, glitschige Masse. Volle Kanne! Hunderte, vielleicht Tausende halb zersetzter Termitenleiber. Jetzt ist Marlis in ihrem Element. Mit der Messerklinge streicht sie den körnigen Matsch wie Marmelade auf ihre Hand. Ohne eine Spur von Widerwillen. Im Gegenteil, es hätte mich nicht gewundert, wenn sie genüsslich eine Fingerspitze davon gekostet hätte. »Wie man sieht«, beginnt sie begeistert zu dozieren, »sind alle diese Tiere im gleichen Zustand der Zersetzung – was bedeutet, dass sie alle ungefähr zur selben Zeit gefangen worden sein müssen.«

Also doch: Tausende auf einen Streich. Aber wie ist es geschehen? Und warum sind die einen Kannen praktisch leer? Und andere, unmittelbar daneben, zum Bersten voll? Ein gesundes Mittelmaß scheinen sie nicht zu kennen.

Das Geheimnis des weißen Rands

Es war Dennis, der seinerzeit den ersten entscheidenden Hinweis entdeckte. »Ein guter Fotograf sieht alles«, bemerkt er tro-

Abb. 12: Der Beiname *Albomarginata* bedeutet »weißrandig«. Doch manchmal ist der Rand auch bräunlich (rechts) – ein entscheidender Hinweis!

cken. Und dann berichtet er, wie ihm beim Blick durch den Sucher aufgefallen sei, dass bei manchen *Albomarginata* der weiße, pelzige Rand gar nicht mehr weiß ist, sondern bräunlich aussieht – irgendwie abgefressen. Und dann sei bei Marlis und ihm der Groschen gefallen: Der weiße Rand muss ein Köder für die Termiten sein. Sie fressen ihn ab – bis auf den bräunlichen Untergrund. Und dabei stürzen sie in die Kanne (Abb. 12).

»Ja, und das wollen wir jetzt sehen. Wie sie reinpurzeln«, drängt Brian. Die toten Termiten seien einfach zu tot fürs Fernsehen. Und außerdem würden sich viele Zuschauer ekeln vor so einem Kadaverbrei.

Leicht gesagt, aber weit und breit ist keine lebende Termite zu sehen. Marlis schlägt vor, dass wir den Wald durchkämmen und nach einer Termitenstraße suchen sollten. Dann hätten wir vielleicht eine Chance …

Ulmar entschuldigt sich, er müsse zurück in die Uni. Leider mit seinem Jeep; er hatte es schon vorher angekündigt.

Und so stehen wir im Wald von Brunei und hoffen gleich auf mehrere Wunder. Erstens, dass der tägliche Gewitterregen sich heute verspätet. Zweitens, dass wir eine Termitenstraße finden. Drittens, dass die Termiten dort eine *Albomarginata* erklettern, und viertens, dass wir danach noch die Kondition haben, die gesamte Ausrüstung zu unserem Pkw an der Asphaltstraße zu schleppen. Ziemlich viele Wunder, aber aller Wahrscheinlichkeit zum Trotz hätten wir es beinahe geschafft. Beinahe.

»Eine Straße, schnell, ich hab eine Straße.« Marlis' Erregung ist unüberhörbar. Und nach ein paar Sekunden: »Sie machen es. Hier. Sie machen es wirklich!«

Wir stürzen mit Kamera und Stativ durch den Wald, über Baumstämme und Luftwurzeln, kämpfen mit Schlingpflanzen und Dornenästen. Aufbauen, Einrichten, Scharfstellen. Und wozu das alles? Um gerade noch zu sehen, wie ein paar Termiten über einen nahezu abgefressenen Kannenrand krabbeln. Das ist alles. »Eben waren es noch deutlich mehr«, beteuert Marlis. Offensichtlich ist die Hauptaktion vorüber. Eine Nachzüglerin schneidet ein letztes Randstück heraus und trägt es davon. Sicher, geschickt und zügig. Nicht einmal ansatzweise gerät sie in Gefahr, in den tödlichen Kelch abzustürzen. Zurück bleibt ein brauner, abgeernteter Randstreifen. Spektakulär ist das nicht, und doch gibt es unübersehbare Indizien, dass sich hier vor Kurzem ein schauriges Drama abgespielt haben muss: In der Kanne zappeln Hunderte um ihr Leben kämpfender Termiten. Kein Zweifel, wir sind zu spät gekommen. Eine Viertelstunde früher, dann wären wir zu Augenzeugen geworden, wie sich *Albomarginata* den Bauch vollschlägt. Und weit wichtiger: Wir hätten es filmisch dokumentieren können. Zum ersten Mal. Zum ersten Mal hätte eine Kamera festgehalten, wie die gefräßigste aller Pflanzen sich ihre Fleischration beschafft. Ein Jammer, so nahe am Wunder – und alles schon vorbei!

Natürlich sind wir enttäuscht – als hätten wir auf dem Fußballplatz in der letzten Minute der Verlängerung noch ein Gegentor eingefangen. Nur Marlis verbreitet Optimismus. Sie sieht das Ganze als fast gelungene Generalprobe. »Wir haben ja die Termitenstraße. Jetzt müssen wir sie nur noch zurückverfolgen bis zum Nest. Dann sind wir auf der sicheren Seite!« Die Termiten würden ihre Futterstraßen immer wieder neu anlegen, aber mit dem Nest als Ausgangspunkt könne man sie leicht verfolgen. Marlis wirkt zielstrebig und entschlossen.

Der Termiten-Highway ist nicht zu übersehen. Wie ein körnig rieselndes Band zieht er sich durchs Gelände, zwei bis drei Finger breit. Mit Abzweigungen und Einmündungen. Gefällstrecken und Anstiegen. Liegende Baumstämme dienen bevorzugt als Trasse (Abb. 13). Tiefe Schneisen führen durch sperrige Moospolster, und immer wieder verschwindet die Straße

Abb. 13: Hochbetrieb auf der Termitenstraße. Die Wächterinnen (oben auf dem Ast, mit hellem Kopf und Nasenhorn) scheinen den Verkehr zu regeln.

im Untergrund. Der Verkehr fließt zügig – und chaotisch. Alle bewegen sich mit Höchstgeschwindigkeit. In beiden Richtungen. Spurwechsel nach Belieben. Keiner hält Abstand oder achtet auf Gegenverkehr. Warum auch? Zusammenstöße bleiben folgenlos – zu gering ist das Gesamtgewicht, zu stabil die Chitinkarosserie. Auch die Identifizierung der Unfallgegner dürfte schwierig sein: Jeder gleicht jedem: schwarzer Kopf, enge Taille, molliger Hinterleib.

Ich schlage vor, eine Kanne abzuschneiden und sie als Termiten-Rasthof unmittelbar an die Straße zu stellen oder gleich mitten rein als Straßensperre. Als Marlis zögert, setze ich bekräftigend hinzu: »Das können sie ja nicht übersehen.«

»Können sie schon. Weil sie blind sind.«

»Dann müssen sie den Köder eben riechen«, beharre ich.

»Riechen können sie. Das Problem ist, dass die Kanne überhaupt nicht duftet. Leider.«

»Und wie finden sie dann …?«

Marlis fühlt sich wohl, wenn ihr didaktisches Talent gefordert wird. Die geborene Lehrerin. Sie klärt mich auf, dass diese Termiten es ähnlich wie Ameisen halten. Sie schicken – ebenfalls blinde – Kundschafterinnen aus, um neue Nahrungsquellen zu suchen. Und wenn diese »Späherinnen« zufällig etwas entdeckt haben – zum Beispiel eine frische *Albomarginata*-Kanne –, dann legen sie eine Duftspur dorthin und leiten die Straße zum neuen Fundort um. Ein reines Lotteriespiel sei das, meint Marlis.

Es vergeht über eine halbe Stunde, bis wir in unserer Rolle als Kundschafter Erfolg haben und das Nest entdecken – auf Kopfhöhe in einem Baumstamm, auf der anderen Seite des Weges, den die Termiten irgendwie untertunnelt haben. Rund um die Eingangsöffnung sind bewaffnete Wächter in Stellung gegangen. Jeder trägt ein mächtiges Nasenhorn auf dem Kopf, das mit ätzender Verteidigungsflüssigkeit gefüllt ist. Die Türsteher lassen die letzten Heimkehrer passieren. Ganz offensichtlich zieht sich die Kolonie zurück und beendet ihre heutige Exkursion. Beneidenswert. Wir sind noch nicht so weit.

Termiten auf Abwegen

Marlis will keine Zeit verlieren. Unter den Augen der Wächtertermiten drapiert sie den Fuß des Baums mit mehreren *Albomarginata*-Kannen, die alle ihren weißen, leicht pelzigen Ring anbieten. Egal, wie sie morgen ihre Straße anlegen, diesen Vorgarten müssten die Termiten auf jeden Fall durchqueren, spekuliert Marlis, und dann sei die Chance groß, dass sie morgen früh auf die Kannen und ihre Köder stoßen.

»Wie früh morgen früh?«, entfährt es mir, und meine Ahnung bestätigt sich: »Bei Sonnenaufgang sollten wir wieder hier sein. Das heißt: 4.30 Uhr Abfahrt vom Hotel.« Marlis Maßlos, denke ich, aber gleichzeitig bin ich froh über diese zupackende Art. Wenn wir es schaffen, dann so.

Dennis legt sich nochmals auf den Bauch und schießt ein Foto von unserem künstlichen Vorgarten. Dann folgt der Auszug aus dem Paradies. Jeder mit Gepäckstücken beladen, die Anstrengung der letzten Tage noch in den Beinen. Doch erstaunlicherweise fällt uns der Weg mit jedem Schritt leichter. Die Fortbewegungsart zu Fuß scheint unsere Sinne zu beflügeln und überschüttet uns mit neuen Eindrücken: Da schwirrt eine knallrote Libelle; ein Saftkugler rollt sich zur Murmel zusammen; eine blattgrüne Schlange verschmilzt mit dem Hintergrund; eine Minikrabbe flüchtet in eine bauchige *Ampullaria*-Kanne. Die »Ampulle« habe keinen Deckel, weil sie alles sammle, was von oben herunterrieselt. Marlis als Audioguide ist nicht zu übertreffen. Sie liefert den Kommentar zu einer gigantischen Multimediashow der Natur, die wie ein Aufputschmittel unsere Beine in Bewegung hält (Abb. 14). Mühelos und unbeschwert – trotz allen Gepäcks.

Abb. 14a: Der Sumpfwald steckt voller Überraschungen: Libellen in allen Farben und flinke Minikrabben leben von seiner Feuchtigkeit.

Vor uns taucht eine rot gemusterte Kannenpflanze auf – groß wie ein germanisches Trinkhorn und ebenso elegant geschwungen. *Nepenthes rafflesiana*, weiß Marlis. Wir beschließen, das Prunkstück irgendwann in den nächsten Tagen zu filmen, und zu diesem Zeitpunkt ahnt keiner, wie entscheidend eben dieser Ort für unser gesamtes Filmunternehmen noch werden sollte.

Als wir die Ausrüstung und die stinkenden Gummistiefel in unserem Wagen verstauen, ist es Abend, und mit einiger Verspätung kündigt sich das übliche »Nachmittagsgewitter« an. Jetzt darf es kommen, im Auto sind wir sicher – denken wir. Die Asphaltstraße führt über eine Anhöhe und gewährt nach beiden Seiten einen unerwarteten Ausblick auf den Sumpfwald. Das dunkle Wolkengebirge im Westen hat einen schmalen Streifen über dem Horizont ausgespart. Er gibt der untergehenden Sonne eine letzte Chance, ihr mildes, orangerotes Streiflicht über die Baumwipfel auszusenden – während die schwarze Wolkenwand bereits mit wetterleuchtenden Blitzen droht und erste, noch ferne Schauerfahnen zur Erde schickt. Jetzt gibt es für Brian kein Halten mehr. Er baut in Windeseile die große Kamera am Straßenrand auf, steckt sie in einen Regenschutz aus Plastik, borgt sich von Dennis das

Abb. 14 b: Die giftige Grubenotter lauert auf Vögel oder Nagetiere.

Fotostativ, stellt seine Nikon auf Zeitraffer – alle zwei Sekunden ein Bild. Und er legt die Regenschirme bereit.

Das Geschehen am Himmel entwickelt sich dramatisch. Sturmböen fransen die Wolkenränder aus, versehen sie mit immer neuen, leuchtend roten Schlieren. Nur über unseren Köpfen hält sich eine kompakte, gleichbleibend schwarze Decke. Sie scheint jeden Windhauch abzuschirmen und die Luft elektrisch aufzuladen. Eine vibrierende Stille füllt den Raum – trügerisch wie das lautlose Glimmen einer Zündschnur. Dann ist es so weit: eine blendende Blitzkaskade, zeitgleich mit ohrenbetäubenden Donnerschlägen. Scharf und ohne Nachhall. Im selben Augenblick entladen die Wolken ihre Wasserlast. Was wir am Körper tragen, wird nass mit einem Schlag, als stünden wir unter einem Wasserfall. Kalte Sturmböen rütteln an den Stativen. An ein Aufspannen der Schirme ist nicht zu denken. Abbruch! Brian stürzt im Flackerlicht der Blitze durch den Wasservorhang. Bringt die Kameras in Sicherheit. Hoffentlich haben wir tolle Bilder, denke ich – *déformation professionelle.*

Die Nacht ist kurz. Das Bett immerhin trocken. Morgens um 4.30 Uhr machen wir uns erneut auf den Weg ins Paradies. Marlis hatte uns nochmals eingeschärft, pünktlich zu sein – mit unerbittlichem Charme: Termiten verschlafen nicht, Frühstück holen wir später nach. Mein Kopf ist benommen, aber gleichzeitig bin ich erleichtert, aktiv etwas unternehmen zu können – und sei es unter Opfern –, anstatt ohnmächtig auf Glück oder Zufall warten zu müssen.

Unsere Schritte beschleunigen sich unwillkürlich, als wir

uns dem Paradies nähern. Dann stehen wir vor dem Baum und vor dem Nest. Schon der erste Blick macht alles klar. Unsere Köderkannen sind unangetastet, ihre Ränder noch heil und strahlend weiß im Morgenlicht. Zu spät jedenfalls sind wir nicht. Und trotzdem ist da etwas faul. Ich brauche einen Augenblick, um herauszufinden, was es ist: Die Termiten fehlen, die Straße ist verschwunden. Das darf nicht wahr sein, höre ich Marlis murmeln. Fassungslos suchen wir den Boden ab. Auch der Betrieb am Nesteingang ist eingestellt. Und dann entdecken wir sie: Die Termiten haben einen Hinterausgang auf der Rückseite des Stamms aktiviert. Das wäre ja noch angegangen – aber jetzt führt ihre Straße stammaufwärts, senkrecht in die Baumkrone. Was nur hat sie dazu bewogen, diese Route einzuschlagen? Purer Zufall? Der nächtliche Regen? Die »verdächtigen« Kannen vor dem Hauptausgang?

Als die Termiten auch tags darauf noch nicht von ihrem hohen Baum heruntersteigen, habe ich mit aufkommender Panik zu kämpfen. Der Rückflug ist gebucht, unsere Zeit in Brunei begrenzt, ebenso das Budget. Es kann doch nicht so schwierig sein: Die Termiten sind da, die Pflanzen sind da, sie müssten nur zusammenfinden. Noch zwei Drehtage bleiben uns.

Express in den Sumpfwald

Marlis entwickelt einen Rettungsplan: Wir sollten unsere abtrünnigen Termiten vergessen und in einen Primärsumpfwald mit besonders mächtigen, jahrhundertealten Bäumen umziehen. Das sei ihr Lieblingswald, und auch da gebe es Termiten. »Sogar Termiten mit Eisenbahnanschluss«, ergänzt Dennis und versucht, mit seinem Spruch die Laune zu verbessern. Er berichtet von einer alten Holzfäller-Schmalspurbahn, die kilometerweit in den sonst undurchdringlichen Urwald führt.

Sie sei bis heute in Betrieb und bringe Baumstämme zu einem kleinen Sägewerk an der Straße.

Mr. Li, der chinesische Chef des Sägewerks, verzieht keine Miene, als wir sein Büro betreten. Es ist klimatisiert, und die arktische Kälte trifft uns wie eine Keule. Wir stellen uns vor, und Mr. Li – im kurzärmeligen Hemd – hört sich in Ruhe unser Anliegen an: dass wir Termiten, fleischfressende Pflanzen und auch seine Eisenbahn filmen wollen. Schweigen. Langes Schweigen. Ich kann bei Mr. Li keinerlei Regung ausmachen, er bleibt einfach freundlich – und kühl. Ein unbestimmtes Gefühl sagt mir, dass wir dringend etwas unternehmen müssten, um die eingefrorene Situation aufzulösen. Marlis ist bereits einen Schritt weiter. Mit einem Anflug von Feierlichkeit sammelt sie unsere goldgelben Presseausweise ein und übergibt sie wie kostbare Gastgeschenke – die Seite mit dem Wappen des Sultans nach oben – an Mr. Li. Dessen Gesicht scheint sich eine Spur aufzuhellen, als er die Akkreditierung aus dem Büro des Premierministers studiert. Dann greift er kommentarlos zum Handy und gibt knapp etwas durch, was auch ohne Chinesischkenntnisse eindeutig als Anweisung auszumachen ist. »Der Lokführer weiß Bescheid – viel Erfolg«, sagt Mr. Li in bestem Englisch, als er uns die Ausweise zurückreicht.

Mit unnatürlich großen Schritten staksen wir von Schwelle zu Schwelle immer tiefer in den Wald. Die Holzschwellen sind feucht und glitschig, mit Algen überwachsen, viele vermodert und in der Mitte durchgebrochen – das Werk von unsichtbaren Haarwurzeln und Pilzfäden. Und manche Schwellen hängen einfach in der Luft, nur von den aufgeschraubten Schienen gehalten. Auch der Gleisabstand hat reichlich Spiel. Die Schienen kommen sich mal näher und schwingen wieder auseinander. Keine Spur von Parallelität – als hätten sie sich inmitten der wuchernden Pflanzenwelt selbst einer vegetativen Geometrie verschrieben (Abb. 15).

Abb. 15: Eine Holzfällerbahn im Urwald von Brunei. Sehr vertrauenserweckend ist sie nicht. Wurzeln und Pflanzentriebe haben ihr arg zugesetzt.

Die Übermacht der Pflanzen ist offensichtlich. Unmerklich langsam, aber zäh und unerbittlich wachsen sie gegen alles an, was ihnen den Lebensraum streitig macht. Unerbittlich sind sie mit ihren Wurzeln in Ritzen und Hohlräume vorgedrungen, haben Verschraubungen gesprengt, Schwellen und Schienen verschoben. Was für eine Demonstration urwüchsiger Pflanzenkraft, denke ich, und mein Blick gleitet voller Respekt über die grünen Pflanzenwände rechts und links der Trasse. Es war eindeutig zu viel des Aufblickens und Bewunderns, denn plötzlich finde ich mich bäuchlings neben dem Gleis in einem Dickicht aus Grünzeug und Dornen wieder. Und mit diesem Sturz bekommt auch mein Pflanzenbild einige Kratzer. Ohne es darauf angelegt zu haben, erlebe ich die unterschiedlichsten Blätter aus nächster Nähe – und kein einziges ist dabei, das nicht durchlöchert und angefressen wäre. Manche haben über die Hälfte ihrer Substanz verloren und sehen geradezu erbärmlich aus. Kein Zweifel: Auch die kräftigsten Pflanzen haben ihre Schwächen. Sie werden von Insekten angefallen, die sich, vor allem nachts, nagend, beißend und schneidend über das saftige Blattgewebe hermachen. Und es sieht so aus, als hätten die Opfer – festgewachsen wie sie sind – keine Chance, diesen Angriffen zu entkommen.

Wer hat hier eigentlich das Sagen? Wer regiert diesen Sumpfwald? Sind es die grünen Wachstumswunder oder die gierigen Insekten? Die Organismen mit Wurzeln und Blättern oder die mit Beinchen und Kiefern?

So viel jedenfalls ist klar: Auch wenn die Pflanzen unfähig sind, sich vom Fleck zu rühren, sie müssen etwas entwickelt haben, das die Fresswut ihrer Feinde in Grenzen hält – eine Abwehrstrategie, die sie davor bewahrt, restlos in Millionen von Insektenmägen zu verschwinden. Andernfalls hätte dieser Sumpfwald nie heranwachsen können; das Heer gefräßiger Vegetarier wäre hemmungslos über ihn hergefallen und hätte ihn schon im Entstehen zu Nahrungsbrei zermalmt. Die jahrhundertealten mächtigen Bäume um mich herum sind der lebende Beweis für eine effektive Gegenwehr der Pflanzen. Wir sollten ihre Waffen und Verteidigungskräfte noch ausführlich kennenlernen. Doch zugleich ist diese Abwehr sichtlich unvollkommen. Warum tolerieren die Pflanzen ein solches Ausmaß an Verlusten? An durchlöcherten Blättern oder angefressenen Stängeln? Können sie es nicht besser, oder verbirgt sich hinter dieser »halbherzigen« Gegenwehr sogar eine kluge Strategie? Auch auf diese Frage sollten wir später eine überraschende Antwort bekommen.

»Ich hab eine Straße! Hier!« Marlis' Erfolgsmeldung reißt mich aus meinen Gedanken. Ihre Nachricht kommt von irgendwoher aus dem Pflanzendschungel. Und dort, gut dreißig Meter neben unserer Bahnstrecke, zieht sich eine vielspurige Termitenstraße über den Waldboden. Wir versuchen, ihrem Verlauf zu folgen, doch der Untergrund entpuppt sich als einziger Morast. Unmöglich, hier ein Stativ aufzustellen, und noch enttäuschender: Weit und breit ist keine *Albomarginata* zu entdecken. Selbst für Marlis nicht. Das Pech scheint uns endgültig im Visier zu haben.

Immerhin wird der Rückweg leichter: Wir nehmen die Bahn. Schon von Weitem haben wir sie gehört. Nicht die Fahrgeräusche, sondern das Tuckern des Dieselmotors, der drei Waggons der Sonderklasse zieht: jeweils zwei Fahrgestelle, auf denen ein paar Bretter liegen – fertig. Stämme sind keine geladen – ein reiner Personenzug heute. Die chinesischen Waldarbeiter rücken auf ihren Brettern etwas zusammen und lassen uns mit einer Selbstverständlichkeit zusteigen, als wäre hier schon immer eine Haltestelle gewesen. Dann setzt sich der Sumpfexpress wieder in Bewegung. Nicht nur vorwärts, sondern auch rollend und stampfend, als hätten wir eine Schiffspassage gebucht (Abb. 16). Schienen und Schwellen geben schwankend nach, aber sie halten. Bis jetzt. Keine Angst, sage ich mir – das Tempo ist langsam, die Wagenkonstruktion ab-

Abb. 16: Die chinesischen Holzfäller kennen die Tücken ihrer Bahn. Wenn sie kippt, springen sie rechtzeitig ab und richten sie wieder auf.

sprungfreundlich; selbst ein Umkippen des Zugs wäre kein Beinbruch. Tatsächlich, so höre ich später, komme das immer mal wieder vor, und die Arbeiter hätten reichlich Routine darin, Lok und Wagen zurück aufs Gleis zu setzen. Ähnlich geübt beherrschen sie die Kurventechnik ihrer Bahn. Bei jeder »Weiche voraus« springt der Lokführer ab, versetzt – sozusagen ambulant – dem Fahrgestell seiner Lok einen kräftigen Stoß, damit es die Abzweigung nicht verpasst. Dann steigt er wieder auf. Könnten wir unser Filmprojekt nur ähnlich elegant in die gewünschte Bahn lenken!

Absturz im Sekundentakt

Morgen ist unser letzter Tag – unsere letzte Chance! Was können wir tun, um die gefräßigste Pflanze der Welt beim großen Fressen zu überraschen? Der Countdown hat begonnen – ich komme mir vor wie das grüne Ampelmännchen in der Hauptstadt Bandar Seri Begawan: Es verharrt nicht im Schritt wie seine europäischen Kollegen, es bewegt tatsächlich die Beine. Und zehn Sekunden, bevor die Ampel auf Rot schaltet, beginnt das Männchen mit schnellen Schritten loszuspurten. Sichtbares (und sehr animierendes!) Zeichen, dass die Zeit abläuft. Aber wie sollte unser filmischer Endspurt aussehen?

Natürlich hoffen wir ein letztes Mal auf das Paradies – dass unsere Termiten dort endlich wieder mit den Beinen auf den Boden kommen. Doch die denken nicht daran. Auch am nächsten Morgen demonstrieren sie ihre Fähigkeiten als Kletterkünstler und ziehen senkrecht stammaufwärts. Ich hasse diese Termiten – diese sturen, stumpfsinnigen, unberechenbaren Krabbelviecher, die nichts Besseres zu tun haben, als unseren Film zu boykottieren! Nie waren die Zikaden so nervig, der Wald so eintönig, jeder Handgriff so lästig. Jetzt klingelt auch noch mein Handy – nicht mal im Urwald hat man Ruhe:

Die Mietwagenfirma teilt mit, wir könnten ab morgen einen Geländewagen haben. Na wie schön!

Der Rückweg ist alles andere als vergnüglich. Die Enttäuschung hat uns zugesetzt. Ich versuche mir einzureden, die Geschichte sei noch zu retten: Genügt es nicht, eine leere Kanne vorzustellen und danach eine, die angefüllt ist mit Insektenleichen? Möchte der Zuschauer unbedingt sehen, wie sie da reingekommen sind? Auf jeden Fall möchte er das, protestiert mein kinematografisches Über-Ich; er will doch wissen, wie aus dem Vorher ein Nachher wird, will die Aktion erleben, die beides miteinander verbindet. Und eben diese Aktion fehlt uns. »Wollten wir nicht die rote Kanne da filmen?«, unterbricht Brian unseren Schweigemarsch und deutet auf die leuchtende *Rafflesiana*, die uns schon einmal aufgefallen war. Warum nicht, stimme ich ziemlich lustlos zu und helfe beim Aufbau des Filmkrans. Nur wenige Minuten später – wir haben mit der Aufnahme noch nicht einmal begonnen – ruft es schrill und aufgeregt aus dem Wald: »Ihr müsst sofort kommen. Sofort!«

Eine Mischung aus Vorahnung und Erwartung hat meinen Puls nach oben getrieben. Marlis sieht nicht einmal auf, als wir sie erreichen; sie steht über eine *Albomarginata* gebeugt, und jetzt flüstert sie nur noch: »Schnell, schnell, das ist der Wahnsinn.« Bei einem Abstecher in den Wald ist sie tatsächlich auf »die Aktion« gestoßen. Vor unseren Augen spielt sich ein unerbittliches, lautloses Drama ab. Tausende von Termiten zweigen von ihrer Hauptstraße ab und stürmen zum Kelch einer Kannenpflanze. Auf deren Deckel haben sich bereits Wächter postiert und sichern nach allen Seiten – ihre Nasenhörner drohend aufgerichtet. Offenbar verfolgen sie den Aufmarsch der Arbeiterinnen, die jetzt zielstrebig die grüne Kanne erklimmen und sich auf den weißen Randstreifen stürzen. Und dort breitet sich Chaos aus. Die ersten Tiere haben jäh gestoppt, schlagen ihre Mundwerkzeuge in den pelzigen Belag und scheinen alles andere zu vergessen. Zum Beispiel, dass sie nicht allein sind, dass andere Kolleginnen nachrücken. Tausende. Ein nicht abreißender Strom. Sie drängen von hinten. Schieben. Überholen. Und ständig rücken neue Tiere nach. Blind und unbeirrt werfen sie sich in das Getümmel, um an der Fressorgie teilzuhaben (Abb. 17).

Auf den ersten Blick fällt es mir wieder schwer, in diesem wuselnden Durcheinander überhaupt etwas zu erkennen. Erst als ich eine Arbeiterin gezielt ins Auge

Abb. 17a: Eine *Albomarginata*-Kanne wird von Termiten überfallen. Sie schneiden Stücke aus dem Rand.

Abb. 17b: Im Gedränge um gute Nahrungsbrocken sind Tausende von Termiten in den Abgrund gestürzt – und werden ihrerseits zu Nahrung.

fasse, wird das anders. Jetzt kann ich verfolgen, wie sie sich einen Platz auf dem weißen Ring erkämpft, wie sie versucht, ein Stück zu ergattern, wie sie abgedrängt wird, nach oben ausweicht und über den Kannenrand – verschwindet. So schnell, als wäre sie einfach aus dem Bild geblendet worden. Und sie ist nicht die Einzige. Fast im Sekundentakt verliert ein Tierchen nach dem anderen den Halt und schlittert in den tödlichen Abgrund. Der schlüpfrige Gleitfilm, der über den Rand verteilt ist, lässt ihnen keine Chance. Sie stürzen in die Masse der todgeweihten, zappelnden Artgenossen. Es sind nur Termiten, das ist wahr, dennoch habe ich gegen ein diffuses Gefühl von Unfairness oder Gemeinheit zu kämpfen. Allzu plötzlich und beliebig holt sich die fleischfressende Pflanze ihre blinden Opfer. Skrupellos und effektiv schlägt sie zu – ohne einen Laut und ohne sich zu rühren. Nur vom Kannengrund dringt leises Schaben und Kratzen – vergebliche Fluchtversuche über die steilen, glatten Wände.

Brian kann mit seinen Darstellerinnen zufrieden sein. Sie ignorieren die Kamera, selbst bei Naheinstellungen. Sie verhalten sich ausgesprochen natürlich – bis zum Ende. Und wenn eine Szene wiederholt werden muss, so ist auch das kein Problem. Es finden sich immer unzählige Kolleginnen, die über kurz oder lang das Gleiche machen: Ankommen. Abnagen. Abstürzen. Oder auch: das Erntegut nach Hause schleppen. Termiten sind wunderbar geeignet für einen Film. Und so kooperativ. Habe ich es nicht immer gesagt?

Albomarginata hat ihre Gefräßigkeit unter Beweis gestellt. Im Laufe von Wochen wird sie ihre Beute verdauen und die Nährstoffe über die Kannenwand resorbieren – ein fettes Zubrot an Stickstoff, das groß genug ist, um die gesamte Pflanze zu versorgen und zusätzliche Kannenblätter wachsen zu lassen. Allerdings ist das auch eine Frage des Haushaltens, denn *Albomarginata* muss einen Teil des erbeuteten Stickstoffs wieder für die Produktion neuer eiweißhaltiger Ränder abzweigen. Als Investition für zukünftigen Nachschub. Bis heute weiß niemand, wie die Pflanze diese ausgeklügelte Bilanz zwischen Eigenverbrauch und Zukunftsinvestition erstellt, aber ihre Kosten-Nutzen-Rechnung geht offensichtlich auf, sonst wäre diese einzigartige Fang- und Futterstrategie längst aus dem Arsenal fleischfressender Pflanzen verschwunden.

Die schnellste Pflanze der Welt

Es geht also, wenn sie müssen. Wenn der Boden nicht hergibt, was sie brauchen, dann machen Pflanzen eine Anleihe im Reich der Tiere und werden zu Fleischfressern. Sie entwickeln Köder, rutschige Gleitflächen und eine Art Magen, der die Beute verdaut und die Nährstoffe im ganzen Körper verteilt. Not macht erfinderisch. Auch bei Pflanzen. Dass sie dabei kleine Tierchen als Nährstofflieferanten entdeckt haben, ist nicht einmal das Erstaunlichste – schließlich handelt es sich um konzentrierte Eiweiß- und Energiepakete, die sich zum Ressourcengewinn geradezu anbieten. Das Erstaunlichste ist, wie geschickt sie ihr Manko der Unbeweglichkeit überspielen, wie sie fliegende und krabbelnde Insekten erhaschen, ohne ein einziges Blatt zu krümmen. Sie überlassen es den Tieren, sich zu bewegen, und geben ihnen nur die Richtung vor: abwärts in die Falle.

Wenn es sein muss, sind sie aber durchaus in der Lage, ein Blatt zu krümmen. Fleischfressende Sonnentaugewächse (*Drosera*) setzen nicht auf schlüpfrige Kannen, sondern auf klebrige Tröpfchen. Wie harmlose Tautröpfchen sitzen sie auf kleinen, aus dem Blatt ragenden Stielen und verleiten Insekten zum Erfrischungstrunk – mit fatalen Folgen. Ahnungslos gehen sie dem Sonnentau auf den Leim. Ihre Lage wird zusehends hoffnungsloser, denn binnen Minuten werden die benachbarten Stiele zu beweglichen Tentakeln. Sie krümmen sich, und in einer gemeinsamen Aktion drücken sie das zappelnde Opfer nach unten auf den Blattgrund, wo es schließlich aufgelöst wird. Bei einigen *Drosera*-Arten rollt sich das Blatt sogar zusammen und bildet eine Art Verdauungshöhle. Wenn es der Ernährung dient, gestatten sich Pflanzen auch die Freiheit der Bewegung: langsam, aber unerbittlich.

Und das ist nicht alles: Manche fleischfressende Pflanzen überwinden sogar das Handicap der Langsamkeit: Sie reagieren blitzschnell – so schnell, dass wir es nicht einmal mit unseren Augen verfolgen können. Zugegeben, unser Auge ist ziemlich träge, wenn es Bewegung auflösen soll. Die Finger der eigenen Hand verschwimmen schemenhaft, wenn wir sie vor unseren Augen hin und her bewegen. Noch hoffnungsloser ist es, die Kopfbewegung eines hämmernden Spechts zu verfolgen. Und wer jemals beim Tauchen versucht hat, den Beutefang eines lauernden Steinfischs zu beobachten, weiß um die Trägheit unseres Auges. Gerade noch schwimmt ein Fischlein vor dem vermeintlichen Stein, und im nächsten Augenblick ist es verschwunden. Man sieht nur noch das Würgen und Schlucken des Steinfischs, der sein Opfer schlagartig eingesaugt hat. Bei Tieren akzeptieren wir das; blitzschnelle Bewegungen sind ihr Markenzeichen. Aber bei Pflanzen? Blitzschnelle Pflanzen?

Paradebeispiel ist natürlich die exotische Venusfliegenfalle, die mittlerweile viele Fensterbänke ziert. Ihre Fangblätter schließen sich wie Tellereisen, wenn ein Insekt sie anfliegt – und sie schließen sich rasch genug, um selbst flinke Fliegen einzufangen. Etwa in einer Zehntelsekunde. Das ist schnell, aber andere sind bedeutend schneller, und deshalb muss sich die Diva unter den fleischfressenden Pflanzen noch gedulden. Sie wird ihren Soloauftritt später bekommen und dabei mit weiteren Spitzenleistungen aufwarten – etwa wenn sie ihr Gedächtnis einsetzt, wenn sie elektrische Signale verarbeitet oder einen frischen Fang geschmacklich bewertet.

Abb. 18: Die Blüte des Wasserschlauchs leuchtet zwischen Seerosen-blättern. Unter Wasser lauert er mit einer Batterie von Fangbläschen.

Wenn es um schiere Geschwindigkeit geht, ist *Utricularia* nicht zu schlagen – der Wasserschlauch (Abb. 18). Er gilt als die »schnellste Pflanze der Welt«. Wie der Name andeutet, fängt er seine Fleischration unter Wasser und setzt dabei tatsächlich auf die Strategie der Steinfische: Er saugt seine Beute ein. Unsichtbar schnell, in zwei Millisekunden oder noch weniger. Die Fangtechnik ist so erfolgreich, dass sich die unterschiedlichsten Wasserschlauchvarianten herausgebildet haben. Über zweihundertzwanzig *Utricularia*-Arten auf allen Kontinenten. In Deutschland ist *Utricularia vulgaris*, der Gewöhnliche Wasserschlauch, am häufigsten vertreten. Aber gewöhnlich ist er keineswegs.

Wir stehen an einem kleinen, verwunschenen See im Schwabenland. Frösche quaken. Vom Ufer her schiebt sich ein Schilfwald ins Wasser. Seerosenblätter treiben auf der Oberfläche, bieten Landeplätze für blau funkelnde Libellen. Und mitten in dieser Idylle der fleischfressende Wasserschlauch. Nicht dass der gefräßige Jäger besonders auffallen würde. Seine goldgelben Blüten ragen an blattlosen Stielen aus dem Wasser. Anmutig und friedlich bieten sie Nektar an wie andere Blumen auch. Erst unter der Oberfläche zeigt sich der Unterschied. Der Wasserschlauch hat seine Wurzeln aufgegeben; er treibt frei im Wasser. Seine grünen, faserigen Blätter streckt er wie Arme dicht unter der Oberfläche aus, um möglichst viel Sonnenenergie einzufangen. Doch sie fangen mehr als Licht: Die Blätter sind gespickt mit Hunderten von Fangbläschen – jedes ein paar Millimeter groß und länglich geformt, wie Wein oder Wasserschläuche früherer Zeiten. Einige der Bläschen haben Gefangene gemacht; schemenhaft schimmern sie durch die halb transparente Kerkerwand. Es sind Wasserflöhe. Manche zappeln noch, andere sind schon tot und mehr oder weniger verdaut. Tatsächlich ist die Innenwand der Bläschen mit Drüsen übersät, die Eiweiß und Phosphat spaltende Enzyme absondern und überraschend schnell – es dauert kaum eine Stunde – die Beute auflösen.

Schon einmal, vor Jahren, wollte ich beobachten, wie die Opfer eigentlich in die Falle geraten. Unter dem Zoom des Stereomikroskops wuchsen die Bläschen zu Ballons und die Wasserflöhe zu putzigen Tieren mit schwarzen Knopfaugen. Ich konzentrierte mich auf einen der durcheinanderwuselnden Kandidaten und verfolgte ihn auf seiner Zickzackbahn – mit dem bösen Wunsch, dass er irgendwann zu nahe an eine der Fangblasen gerät. Stundenlang, wie es mir schien. Mehrmals wechselte ich das Pferd und setzte auf einen anderen Floh, dessen Kurs mir chancenreicher erschien. Vergeblich.

Die Eingangsöffnung der Fangbläschen ist durch eine Art Schwingtür verschlossen – eine Tür mit Fernbedienung. Blitzartig schwingt sie nach innen, sobald eines der langen Kontakthaare berührt wird, die vom Eingangsbereich abstehen. Irgendwie – der genaue Hebelmechanismus ist noch ungeklärt – wirken sie wie verlängerte Türklinken, und schon bei der leisesten Berührung…

Mein anvisierter Wasserfloh war plötzlich verschwunden. Eben noch hatte er sich für ein Fangbläschen interessiert – jetzt war er weg. Offenbar hatte er eines der Haare berührt – und die Tür entriegelt. Nun zappelte er im Innern des Bläschens, als wäre er dort hingebeamt worden. Keine Chance zu entkommen; die Tür war wieder dicht. Floh draußen – Floh drin. Die Millisekunden dazwischen waren für menschliche Augen nicht auflösbar. Ein typischer Fall für Zeitlupenkameras, sollte man meinen. Ihre Stunde schlägt, wenn unsere Augen zu träge sind. Sie scheinen die Zeit selbst zu manipulieren. Doch hier, im Fall des überschnellen Wasserschlauchs, stieß auch die Filmtechnik an ihre Grenzen.

Die Geschwindigkeit selbst war nicht einmal das Problem, es ging um den Augenblick des Einschaltens. Wann bitte soll man auf den Auslöser drücken? Entweder ist man zu spät dran oder zu früh. Häufig hilft eine Lichtschranke, die automatisch die Kamera auslöst, sobald das Filmobjekt eine kritische Stelle passiert. Doch im Fall unseres winzigen Wasserflohs unter dem Mikroskop kam auch das nicht infrage. Entnervt mussten wir damals aufgeben.

So war es denn auch keine Frage, für »Die klugen Pflanzen« einen neuen Anlauf zu unternehmen – einen Anlauf mit verbesserten Erfolgschancen. Denn seit Kurzem ist das Problem des Einschaltens kein Problem mehr. Die moderne Videotechnik bietet die geradezu magische Möglichkeit, verpasste Augenblicke zurückzuholen. Den Händedruck der Politiker, den Startschuss beim Hundert-Meter-Lauf, die Blitzattacke einer Kobra. Oder eben die Fangaktion beim Wasserschlauch. Das Schlüsselwort heißt »Retroloop«, in etwa »Zeitschleife rückwärts«. Und die Technik dafür ist denkbar einfach. Die Videokamera zeichnet fortlaufend auf, aber nach einigen Sekunden – sagen wir nach fünf – überspielt sie das aufgezeichnete Stück mit der aktuellen Szene wiederum für fünf Sekunden und so fort. Gerade so, als wäre das Videoband in der Kamera eine in sich geschlossene Schleife von fünf Sekunden Spieldauer. Sobald der Kameramann feststellt, dass »sein Ereignis« stattgefunden hat, geht er von Retroloop in den normalen Aufnahmemodus über und kann somit sicherstellen, dass die Kamera die fünf Sekunden vorher bereits aufgezeichnet hat. Anders gesagt: Eine Reaktionszeit von fünf Sekunden ist erlaubt – als würde man das Zeitgeschehen um diese Spanne zurückdrehen können. Es ist fast unheimlich.

Rudolf Diesel – unser Mann für Extremzeitlupen – hat mit Retro-Loop den Wasserschlauch überlistet. Rudi musste zwar Tage warten, bis ein unglücklicher Wasserfloh genau im Blickfeld der Kamera in die Falle ging. Aber dann erleben wir die entscheidenden Millisekunden als fast gemütlichen Ablauf. Der Floh touchiert sachte ein Kontakthärchen, und kurz darauf zieht es ihn unaufhaltsam durch die enge Eingangsöffnung. Er kann nichts dagegen tun, er wird mit einem Schwall Wasser nach innen gespült. Ursache dafür ist der Unterdruck, den die Bläschen nach jedem Verdauungsvorgang aktiv aufbauen. Dazu pumpen sie Flüssigkeit ab, die Wände dellen sich entsprechend ein, die Falle ist in Lauerstellung. Bis jemand aus Versehen die Tür öffnet ...

Die eingespülten Tierchen versorgen den Wasserschlauch mit Nährstoffen und Mineralien – und das so reichlich, dass er auf Wurzeln gänzlich verzichten kann. Wie ein schwimmendes Fangschiff treibt er über den See, bestückt mit Hunderten von Fallen, um Wasserflöhe, Insektenlarven oder Rädertierchen zu erlegen. Es würde mich nicht wundern, wenn die Fangbläschen auch chemische Lockstoffe abgäben, um ihre Beute zu ködern und die Fangquote zu verbessern. Dem Wasserschlauch ist alles zuzutrauen. Fazit: Die Tricks der fleischfressenden Pflanzen sind erstaunlich ausgefeilt und muten auf den ersten Blick geradezu intelligent an. Doch ist es gerechtfertigt, hier von Intelligenz zu reden?

Teufelszwirn sucht Tomate

Die Raffinesse der Fangtechnik ist das Produkt einer jahrmillionenlangen Auslese und entspringt keineswegs der Intelligenz eines einzelnen Lebewesens. Jede fleischfressende Pflanze ist zwar eine bewundernswerte, komplexe Konstruktion, aber sie hat keine Wahl, sich anders zu entscheiden, ihre Fangstrategie irgendwie abzuwandeln oder den Umständen anzupassen – und damit entfällt eine Grundvoraussetzung für individuelle Intelligenz: die Fähigkeit zur Entscheidung zwischen mehreren Möglichkeiten. Sei es, um einen Vorteil zu erreichen, sei es, um Schaden zu vermeiden.

Bei höheren Tieren ist das bekanntlich anders. Hunde haben die Wahl, ob sie Herrchens Ruf gehorchen oder weiter den Baum beschnüffeln, ob sie ins nasse Wasser springen, wo ihr Stock gelandet ist, oder doch lieber auf dem Trockenen bleiben. Man kann sich einem Rivalen stellen oder ihm aus dem Wege gehen. Rabenvögel in Neukaledonien entscheiden sich sogar für das richtige Stocherwerkzeug – je nach Larve und Astloch. Und nicht zu vergessen: Kater Leo!

Ich bin immer wieder erstaunt über unseren Kater, wie wählerisch er beim Fressen vorgeht. Stets unterzieht er seine beiden Näpfe – der eine ist mit Trockenfutter, der andere mit Frischfleisch gefüllt – einem Geruchstest, bevor er sich endgültig entscheidet. Manchmal kehrt er sogar um und schnuppert ein zweites Mal, als wollte er sein Urteil überprüfen. Sicher, die Wahl des Futters ist keine hochgeistige Angelegenheit, die Nachdenken oder gar analytisches Abwägen verlangt, aber ohne eine Reihe kognitiver Leistungen wäre dieses Verhalten nicht möglich. Kater Leo muss zunächst einmal erkennen, dass es zwei alternative Futterquellen gibt. Dann muss er entscheiden, welche seinen momentanen Bedürfnissen am meisten entspricht, und schließlich muss er aktiv den ausgewählten Napf aufsuchen, um in Ruhe zu fressen.

Ist etwas Ähnliches bei Pflanzen überhaupt denkbar? Dass sie eine Wahl treffen zwischen Alternativen? Und danach ihr weiteres Vorgehen ausrichten? Oder ganz konkret: dass sie sich aktiv für eine Futterquelle entscheiden und die andere links liegen lassen? Schwer vorstellbar – bei einem Organismus ohne Augen und Nase, ohne Muskeln und vor allem ohne Nervensystem. Doch meine Reise zur Penn State University in Pennsylvania hat mich eines Besseren belehrt.

Wir haben eine Desinfektionsschleuse durchquert, unsere Schuhe auf einer sterilisierenden Matte abgestreift. Jetzt stehen wir im Forschungsgewächshaus der Universität. Hunderte von Versuchspflanzen reihen sich auf den Arbeitsbänken. Über einige sind Glasglocken gestülpt. Die Bewässerung plätschert, die Klimaanlage rauscht. Von der Decke hängen großflächige Beleuchtungswannen, die den Pflanzentag aufhellen oder verlängern können.

Unangefochtener Blickfang ist aber zweifellos ein Arrangement von Tomatenstauden. Hochgewachsen, mit einigen knallroten Früchten, thronen sie übermannshoch auf zwei zusammengeschobenen Holztischen. Ein kleines Tomatendickicht. Und Tatort für ein stilles Drama. Schon der erste Blick macht deutlich, dass die Tomatenstauden von einer Schmarotzerpflanze überfallen werden. Ein Gewirr gelblicher Fäden zieht sich Tentakeln gleich quer durch das Tomatengrün, schlingt sich in mehreren Windungen um Stängel und Stiele, überbrückt den Abstand zur Nachbarpflanze und nimmt auch diese in den Würgegriff. Lautlos und ohne erkennbare Bewegung. Doch die Fadenstränge spiegeln so viel Dynamik und Eroberungsdrang wider, dass ich sicher bin: Schon morgen werden sie einige neue Windungen gelegt haben und unerbittlich fortfahren, ihre Wirtspflanzen zu entern. Und auszusaugen: Die eng anliegenden Schlingen treiben Saugorgane in die Tiefe, bis in die Leitbündel der Tomatenstängel und zapfen deren Saftfluss an.

Kein Zweifel, wir werden Zeuge eines Raubüberfalls – auch wenn er sich nur als Momentaufnahme erschließt. Der Eindruck ist so zwingend, dass ich unwillkürlich Partei ergreife und – wider besseres Wissen – gegen ein Gefühl der Entrüstung ankämpfen muss, gegen den Impuls, diese Schmarotzerpflanze als brutal und fies einzustufen. Wer immer ihr den Namen »Teufelszwirn« gab, hat sich wohl von ebensolchen Gefühlen leiten lassen. Manche beschimpfen sie als »Hexenschnürsenkel« oder sogar als »Kletterhur«. Hinter all den fantasievoll diskriminierenden Umschreibungen verbirgt sich die parasitäre Kletterpflanze *Cuscuta*, die mit weltweit über hundertfünfzig Arten eindrucksvoll demonstriert, dass sich ein Parasitenleben auch unter Pflanzen auszahlen kann.

Consuelo de Morães freut sich, dass wir von ihrer *Cuscuta* beeindruckt sind. Sie ist Biologieprofessorin, und irgendwelche Ressentiments gegen die Parasitenpflanze sind ihr fremd. Im Gegenteil, wenn sie den typischen Lebenslauf einer *Cuscuta pentagona* schildert – der Art, die sich gerade über die Tomaten hermacht –, dann schwingen Respekt und Bewunderung mit. Jeder *Cuscuta*-Keimling habe in kürzester Zeit ein Problem zu lösen, das über Leben und Tod entscheidet. Innerhalb von drei bis vier Tagen müsse er eine Wirtspflanze finden – am besten eine Tomate –, sonst sterbe er ab. Die extrem knappe Frist – was sind schon drei Tage für eine Pflanze? – ergibt sich aus dem begrenzten Energie- und Nahrungsvorrat des Samenkorns: Nach ein paar Tagen ist er aufgebraucht, und da der Keimling kein einziges Blättchen bildet, sondern alle Kraft in sein Längenwachstum investiert, kann auch das Sonnenlicht nicht helfen. Einzige Chance für den Keimling: möglichst schnell eine junge Tomatenpflanze zu erreichen, sie zu umklammern und anzuzapfen. Dann ist er über den Berg; er kann seine Strippen ziehen, um weitere Zapfstellen einzurichten. Der Teufelszwirn kappt sogar die Verbindung zum Erdboden, denn Wurzeln braucht er ebenso wenig wie Blätter. Er speist sich voll und ganz aus dem Lebenssaft seiner Wirtspflanze – wobei er darauf achtet, es nicht zu übertreiben: Das Ende der Tomate wäre schließlich auch das seine.

Unsere Gewächshaus-*Cuscuta* scheint das alles im Griff zu haben und betreibt mit Nachdruck ihre Fortpflanzung: Büschelweise sprießen kleine, weiße Blüten direkt aus den »Tentakeln« – als wären sie angeklebt. Ebenso die pfeffer-korngroßen Samenkapseln, die schon bei leichter Berührung aufplatzen und die nächste *Cuscuta*-Generation über die Erde streuen. Insgesamt eine perfekte Strategie. Wäre da nicht die-ser Engpass, diese Galgenfrist von drei bis vier Tagen, die alles wieder zunichtemachen kann. Sie ist der Pferdefuß des Teu-felszwirns. In dieser Zeit wächst ein *Cuscuta*-Keimling um weniger als eine Fingerlänge. Die Aussichten, dabei zufällig auf eine Tomate oder eine andere Wirtspflanze zu stoßen, sind gering. Ein Lotteriespiel mit minimalen Chancen. Und trotz-dem gehört *Cuscuta* zu den Gewinnern.

Genau hier setzten Consuelos Überlegungen an, die schließ-lich in eine Sternstunde der Pflanzenforschung münden soll-ten. Was könnte der Keimling unternehmen, um seine Treffer-quote zu verbessern?

»Am Anfang gab es nichts weiter als eine verrückte Idee«, gesteht Consuelo lachend. »Mark und ich haben sie einfach mal durchgespielt, bei einem Glas Wein.« Mark Mescher ist ihr Kollege und Ehemann, und die verrückte Idee war, dass der *Cuscuta*-Keimling irgendwie erkennen könnte, wo die nächste Tomate steht, und dann aktiv darauf zuwächst. So könnte er den Zufall ausmanövrieren und seine Überlebens-chancen deutlich erhöhen.

Das klingt wie aus einer anderen Welt, in der Pflanzen mit

übernatürlichen Kräften ausgestattet sind. Doch Mark und Consuelo untersuchen seit Langem, wie Pflanzen mit ihrer Umgebung kommunizieren, wie sie von dort Signale empfangen oder selbst welche aussenden. Davon wird noch die Rede sein – jedenfalls macht es verständlicher, wie die beiden Pflanzenforscher auf eine derart »verrückte Idee« verfallen konnten.

»Das Schönste an dieser Idee war«, meint Mark, »dass man sie ganz einfach überprüfen konnte. Wir mussten nur einen *Cuscuta*-Keimling neben einem Tomatenschössling wachsen lassen. Das haben wir gemacht – und das Ganze fotografiert. Alle paar Minuten ein Bild.«

Das Resultat kann sich sehen lassen. Wir sitzen vor Consuelos Computerbildschirm und erleben drei dramatische Tage einer Nachbarschaftsbeziehung – als Zeitrafferfilmchen auf eine knappe Minute verdichtet. Der Tomatenschössling scheint jetzt zu atmen; rhythmisch hebt und senkt er seine Blätter und schiebt sich dabei behutsam in die Höhe. Ganz anders der winzige, nur millimetergroße *Cuscuta*-Keimling, der eine Handbreit entfernt als weißlicher Fadenstummel aus dem Boden schaut: Ungeduldig und nervös, wie es scheint, wächst er mit kreisenden Suchbewegungen nach oben – ähnlich wie Bohnen oder andere Kletterpflanzen. Und dann kommt der Moment, der uns in fast kindliche Begeisterung versetzt und uns so tiefschürfende Kommentare entlockt wie »Wow« oder »Wahnsinn«. Auf dem Bildschirm beginnt der Keimling, als hätte ihn jemand gerufen, plötzlich einen neuen Wachstumskurs einzuschlagen. Er orientiert sich seitwärts und wächst zielstrebig auf die Tomatenpflanze zu – wobei seine Spitze nach wie vor kreisende Suchbewegungen vollführt und an ein schwingendes Lasso erinnert. Auf diese Weise ist das Ziel kaum zu verfehlen. Der Keimling dockt an und schlingt sich mehrmals, in typischer Kletterpflanzenmanier, um den Tomatenstängel. Damit war aus der »verrückten« eine geniale Idee

Abb. 19a: Der Keim eines Teufelszwirns (*Cuscuta*) wächst zielgerichtet auf eine junge Tomatenpflanze zu. Der Parasit kann sein Opfer riechen.

geworden: *Cuscuta* hat die Tomate erkannt und sich aktiv zu ihr hin bewegt (Abb. 19).

Natürlich wollten Mark und Consuelo wissen, wie der Teufelszwirn das anstellt. Welche Sinne setzt er ein, um sein Opfer zu erkennen? Auf eine täuschend echt aussehende Papiertomate reagierte er jedenfalls nicht. Auch nicht auf farbige Flüssigkeiten in Glasgefäßen. Selbst Feuchtigkeit oder Temperatur ließ ihn kalt. Das alles bestärkte Consuelo in ihrem Verdacht, den sie von Anfang an hatte: *Cuscuta* riecht ihren Wirt. Immerhin haben Pflanzen Millionen kleiner Öffnungen, über die sie den Gasaustausch mit der Luft vornehmen. Warum sollten diese Spaltöffnungen nicht auch als ein Heer von Nasen fungieren und Geruchsstoffe wahrnehmen? Denkbar wäre das, doch wie lässt es sich hieb- und stichfest beweisen?

Die beiden Pflanzenforscher entwerfen einen Geruchstest für *Cuscuta*-Keimlinge. In einem fensterlosen Labor ziehen sie junge Tomatenpflanzen unter optimalen Lichtbedingungen. Die Strahler an der Decke machen den Raum blendend hell – so hell, dass wir besser eine Sonnenbrille aufsetzen sollten, meint Consuelo. Hinzu kommt, dass sich die Strahler hundertfach in den aufgereihten Glaskuppeln spiegeln. Ein unstetes Meer von Lichtreflexen, die mit jedem Schritt im Raum zu tanzen scheinen. Das gleißende Ambiente aus Licht und Glas würde jeden Science-Fiction-Film schmücken, aber hier dient es schlicht als Sammelstelle für Tomatenduft. Unter den Glasglocken gedeihen die Tomatenschösslinge prächtig und geben ihre typischen Duftstoffe ab. Sie werden kontinuierlich mit einem Luftstrom abgesaugt und sammeln sich in Kohlestaubfiltern. Nach ein bis zwei Tagen können sie wieder »herausgewaschen« werden und ergeben einige Tropfen konzentriertes »Tomatenparfüm«. Unsere Nasen nehmen es kaum wahr,

Abb. 19 b: Der *Cuscuta*-Keimling windet sich um den Tomatenstängel. Er treibt Saugröhren bis in die Leitungsbahnen hinein und zapft sie an.

allenfalls als leichten Moderduft, wie nasses Papier. Aber viel wichtiger ist die Frage, ob und wie *Cuscuta* darauf anspricht.

Der Geruchstest ist denkbar einfach. Wenn der Teufelszwirn die Tomate tatsächlich über den Geruch lokalisiert, müsste er auch auf das Duftwässerchen zuwachsen. Consuelo hat einen Keimling zwischen zwei Gumminäpfchen platziert: das rechte mit dem duftenden Extrakt gefüllt, das linke – zur Kontrolle – ohne Extrakt. Das Testergebnis bestätigt Consuelos Verdacht. Der Keimling lässt den leeren Kontrollnapf links liegen und wächst zielsicher zum Gumminapf mit dem Tomatenduft hin. Kein Zweifel, der Teufelszwirn nimmt Witterung auf und folgt der Geruchsspur zu seinem vermeintlichen Opfer – auch wenn er dieses Mal im Namen der Wissenschaft an der Nase herumgeführt wird und schließlich entkräftet in sich zusammenfällt.

»Wirklich ein erstaunliches Verhalten«, kommentiert Mark anerkennend. »Bei Tieren würde man so etwas erwarten, aber parasitische Pflanzen machen es offenbar ähnlich. Zumindest *Cuscuta*.«

Und noch etwas wirkt äußerst tierisch: Ähnlich wie Kater Leo kann auch der Teufelszwirn eine Entscheidung treffen, was ihm besser schmeckt. Tomate ist zwar seine Leibspeise, aber es gibt noch andere Pflanzen, die als Nahrungsangebot infrage kommen. Weizenschösslinge zum Beispiel. Das kann die Wahl des Menüs erschweren.

Mark und Consuelo haben ein Experimentierset für Schüler entwickelt, mit dem sich das Wahlverhalten des Teufelszwirns auf der Fensterbank des Klassenzimmers demonstrieren lässt. Die Schüler lassen einen *Cuscuta*-Samen genau zwischen einem Tomatenschössling und einem Weizenschössling keimen. Wie zu erwarten, entscheidet sich der Keimling für seine Lieblingsnahrung und verschmäht den Weizen. (Zumindest ist das der Regelfall; auch unter Pflanzen gibt es Eigenbrötler.)

Spannend wird es, wenn die favorisierten Tomaten fehlen und auf dem Fensterbrett nur der weniger geliebte Weizen an-

geboten wird. Wie wird sich der keimende Teufelszwirn ver-
halten? Orientierungslos? Weniger zielstrebig? Opportunis-
tisch? Tatsächlich reagiert er, wie man es von Tieren oder auch
Menschen erwarten würde. Er scheint sich zu sagen: »Besser
Weizen als nichts«, und nimmt mit der zweiten Wahl vorlieb.
Unter den Augen der Schüler wächst er gezielt auf die nächste
Weizenpflanze zu. In der Not frisst der Teufelszwirn Weizen.
Das ist sicherlich keine hochgeistige Entscheidung, aber eine
Entscheidung für die relativ beste Ernährungsoption.

KAPITEL 3

Verteidigung: Tierische Bewacher

Die Garde der Akazien

Was nützt die beste Ernährung, wenn man nur zur Nahrung für andere wird? Dies droht Pflanzen in der Tat. Nicht nur wir sind dankbar für eine gute Ernte; da kommen über drei Millionen Insektenarten hinzu, die sich von Pflanzen ernähren. Ganz zu schweigen von fünftausend Säugetierarten, die Gras und Blätter fressen – darunter eineinhalb Milliarden Rinder oder Superschwergewichte wie Elefanten, von denen jeder 150 Kilogramm Grünzeug am Tag vertilgt.

Kein Zweifel, Pflanzen sind beliebte Kost. Aber sie sind mehr als nur die vegetarische Variante aus dem überreichen Nahrungsangebot, das die Erde bereithält. Ohne Pflanzen müssten alle Pflanzenfresser verhungern – das ist eine Binsenweisheit. Doch ebenso wären die Fresser von Pflanzenfressern verloren und die Fresser von Fressern von Pflanzenfressern usw. Erst Pflanzen ermöglichen die Existenz von Tieren.

Nur Pflanzen beherrschen den ungeheuerlichen Schritt, Leben zu erschaffen, ohne dafür andere Lebewesen töten oder deren Reste verwerten zu müssen. Anders als Tiere bestreiten Pflanzen ihren Lebensunterhalt allein aus anorganischen Rohstoffen und der Strahlung der Sonne. Nichts Geringeres meint die simple Schulweisheit, dass Pflanzen am Anfang der irdischen Nahrungskette stehen.

So gesehen können wir von Glück sagen, dass Pflanzen überhaupt nahrhaft und genießbar sind; sonst gäbe es uns nämlich nicht. Aber mit derselben Logik können wir froh darüber sein, dass Pflanzen so abwehrend und ungenießbar sind, sonst wären sie längst aufgefressen – und hätten den Untergang der Tierwelt (einschließlich unserer eigenen Existenz) nach sich gezogen. Die Koexistenz von Pflanzen und Tieren, auch wenn sie ständig im Fluss ist, wäre ohne effektive Selbstverteidigung der Pflanzen nicht möglich.

Dabei scheint ihr Verteidigungsspielraum eher beschränkt – was will man von fest verwurzelten, kaum beweglichen, dazu lichtabhängigen Organismen groß erwarten? Bäume, die auf ihren Wurzelstümpfen davonhoppeln, finden sich allenfalls in Science-Fiction-Filmen. Die Flucht vor scharfen Zähnen und Mundwerkzeugen ist ausgeschlossen; die Chance, ein Versteck aufzusuchen, gibt es nicht. Und doch – oder gerade deswegen – haben Pflanzen ein erstaunlich fantasievolles und originelles Arsenal an Abwehrstrategien entwickelt.

Ihre Verteidigungskunst besteht freilich nicht darin, möglichst viele Feinde abzuhalten – und das um jeden Preis. Die eigentliche Kunst liegt darin, diesen Preis »vernünftig« und angemessen zu halten. Was nützt die beste Abwehr, wenn sie just die Ressourcen verschlingt, die dann für Wachstum, Blüten- und Samenbildung fehlen? Es wäre die paradoxe Situation eines Safebesitzers, der all seine zu schützenden Wertsachen in die Anschaffung eben dieses Safe investiert.

Pflanzen sind verschieden und haben unterschiedliche Bedürfnisse. Kein Wunder, dass auch ihr Verteidigungsaufwand unterschiedlich ausfällt. Da spielt zum Beispiel der Standort eine Rolle – wie viel an Wasser, Licht und Nährstoffen gibt er her? Wie stark ist die Konkurrenz der Nachbarpflanzen? Der eigene Entwicklungsstand fließt mit ein – gibt es junge Triebe, Blüten oder Früchte, die besonders schützenswert sind? Und natürlich hat sich eine kluge Verteidigung an der Art der

Feinde und deren Gefährlichkeit zu orientieren. Verständlich also, wenn man unzählige Verteidigungskonzepte in allen Varianten und Abstufungen antrifft – so viele, dass es schwerfällt, sich nicht mitreißen zu lassen und wahllos von einem genialen Abwehrtrick zum nächsten zu springen. Versuchen wir es also mit einer gewissen Rangfolge.

Das wahrscheinlich beste, aber auch extrem teure Abwehrsystem hat uns nach Mexiko gelockt. Genauer gesagt war es der Biologe Martin Heil, der mir in einem Essener Café solche »Wunderdinge« über seine mexikanischen Akazien erzählte, dass ich den leisen Verdacht hegte, er könne seine Forschungsobjekte doch etwas überhöhen. Hinzu kommt, dass Martin Heil sich so ganz und gar nicht in das gängige Bild eines Botanikprofessors fügt. Groß, blond, durchtrainiert, legt Wert auf sein Äußeres, bekennt sich als Feinschmecker, steht zu seiner Sonnenbräune, fährt ein Sportwagen-Cabrio – man würde ihm alles zutrauen, aber nicht unbedingt, dass er stachelige Akazien auf einer Kuhweide in Mexiko erforscht.

Doch spätestens auf dieser Kuhweide am Stadtrand von Puerto Escondido im Bundesstaat Oaxaca verfliegen meine letzten Zweifel. Martin Heil hat uns beim ersten Morgenlicht unter einem Stacheldrahtzaun hindurchgelotst, hat unseren schweren Schwenkarm geschultert und uns auf Trampelpfaden in sein Forschungsfeld geführt. Die Kuhwiese verdient den Namen nicht wirklich – alle paar Schritte versperrt ein Akazienstrauch oder Dornendickicht den Weg. Wir durchqueren ein Labyrinth aus Durchlässen, Schneisen und Sackgassen, und ich habe längst den Überblick verloren. Immerhin, es gibt Kühe auf dieser Kuhweide. Aus großen Augen verfolgen sie unseren Aufmarsch, als wäre ihnen die Abwechslung willkommen. Ein Rätsel, was sie hier zu fressen finden. Von grünem Gras keine Spur, allenfalls ein paar dürre Halme zwischen vertrocknetem Gestrüpp und reißfesten Ranken, die über den Boden kriechen. Heimtückische Stolperfallen.

Abb. 20: Eine mexikanische Viehweide mit Kokospalmen und Akazienbüschen. Sonnenschirme dienen als Windschutz für die Filmaufnahmen.

Die größere Gefahr komme von oben, sagt Martin und zeigt auf eine Palme, die mitten in einem kreisrunden Hof voller aufgeplatzter Kokosnüsse steht (Abb. 20). Als Physiker könne ich ja berechnen, mit welcher Bewegungsenergie eine zwei Kilogramm schwere Nuss aus dreißig Meter Höhe auf meinem Kopf landen würde. »Eine echte Kopfnuss«, frotzelt Brian, der schon dabei ist, seine Kamera aufzubauen. Selbst als Martin erwähnt, dass in Mexiko mehr Menschen durch Kokosnüsse als durch Schlangenbisse ums Leben kommen, bleiben wir vergnügt – es ist schließlich mehr als unwahrscheinlich, dass gerade einer von uns … Doch Kokosnüsse sind unberechenbar.

Luis, der Besitzer der Kuhweide, ist aufgetaucht. Er versteht sich gut mit Martin. Anfangs war er zwar etwas skeptisch, was dieser hochgewachsene Deutsche an den ordinären Akazienbüschen findet, die seinen Kühen nur den Platz wegnehmen und zudem so kräftig ins Kraut schießen, dass er sie alle paar Jahre abhacken muss. Doch seit Martin ihn in das Geheimnis der Akazien eingeweiht hat, ist Luis sogar ein bisschen stolz auf seine »wissenschaftlich wertvollen« Pflanzen. Er sähe sie jetzt mit anderen Augen und würde sie – Musik in Martins Ohren – nur im Notfall abhacken. Und jetzt kommen sie sogar ins *televisión alemán*. Luis nickt freundlich zu uns herüber.

Die Kühe dieser Weide haben es doppelt schwer. Nicht nur, dass es praktisch nichts zu weiden gibt, sie haben auch ständig diese unverschämt grünen Akazien mit ihren zarten Fiederblättchen vor Augen. Einladend und verlockend. Aber zwischen den Blättern starren zentimeterlange Dornen hervor, spitz wie Injektionsnadeln, und verhindern den Zugriff auf das saftige Grün. Schon beim bloßen Versuch würden die Kühe sich eine blutige Nase holen.

Abb. 21: Die spitzen Akaziendornen sind hohl und bieten den Ameisen Wohnraum für ihre Larven. Im Gegenzug verteidigen sie »ihre« Pflanze.

Dornen sind ein probates Mittel gegen Weidetiere – der Stacheldraht der Pflanzen. Aber genauso wenig wie Stacheldraht Fliegen und Flöhe abhalten kann, bieten Dornen einen Schutz vor gefräßigen Käfern und Raupen. Das eigentliche Abwehrsystem der Akazien liegt tiefer – buchstäblich im Innern der Dornen, wie wir noch sehen sollten. Und Martin weiß, wie man es aktiviert (Abb. 21). Er vergewissert sich, dass Brians Kamera startbereit ist – allzu oft wolle er den Versuch nicht wiederholen –, dann beugt er sich über einen Akazienzweig, pustet dagegen und tippt ihn ein paarmal mit dem Finger an. Keine spektakuläre Aktion. Aber eine spektakuläre Reaktion. Plötzlich scheint der Akazienstrauch zu erwachen: Ameisen, wohin man schaut. Von allen Seiten stürmen sie heran, über Rinde und Stiele und Blätter. Sie haben Martins Klopfzeichen geortet, den Atem eines Säugetiers gerochen; jetzt schwärmen sie aus, um den Angreifer zurückzuschlagen. Schon haben die ersten Martins Hand geentert – krabbelnd oder vielleicht im freien Fall von oben – und demonstrieren, warum sie *Pseudomyrmex satanicus* heißen. Die Satansameisen schlagen ihre Kieferzangen in den sonnengebräunten Handrücken und – weit schmerzlicher – setzen ihren Giftstachel wie Wespen ein. Keiner möchte jetzt in Martins Haut stecken. Doch der kommentiert nur stoisch: Berufsrisiko. So mutig verteidigen sie ihre Akazie.

Die Demonstration macht verständlich, warum die Fiederblättchen der Akazien so makellos sind, ohne Löcher oder angefressene Ränder. Kein Insekt könnte sich hier eine Mahlzeit gönnen; die wachsame und aggressive Palastwache hätte etwas dagegen.

Die Idee hinter dieser pflanzlichen Verteidigungsstrategie scheint einfach zu sein: Lass andere tun, was du selber nicht kannst. Aber das sagt sich so leicht dahin. Wie, bitte, verpflichtet man Ameisen zum Wachdienst? Wie bringt man sie dazu, dass sie Kopf und Kragen riskieren, um einen Feind zu verjagen, der ihnen gar nichts Böses will – der allenfalls am Grünzeug nascht, das sie sowieso nicht auf dem Speisezettel haben? Und wie sagt man einer Ameise, dass auch Kletterpflanzen zu den potenziellen Feinden gehören – zu Lichträubern, die mit ihren Blättern Schatten machen?

Martin hat uns eine junge Bohnenpflanze im Topf besorgt. Sie windet sich um einen Stab, aber jetzt ist sie über ihn hinausgewachsen und sucht einen neuen Halt. Warum nicht eine Akazie? Wir bringen die Topfbohne auf unsere Viehweide, positionieren sie neben einem Akazienzweig und richten die Kamera ein. Schon mit bloßem Auge lässt sich verfolgen, wie der Bohnenspross näher und näher rückt. Nur noch ein paar Millimeter. Aber bereits jetzt, als könne sie es nicht erwarten, überspringt eine Ameise die Kluft. Aufgeregt rennt sie über den Stängel und beginnt einen verbissenen Kampf gegen die Schlingpflanze. Sie nagt sich tief in das Bohnengewebe – bis sie auf die Leitungsbahnen trifft. Saft quillt heraus; die Pflanze ist verletzt. Und ohne sich eine Pause zu gönnen, setzt die Ameise an neuer Stelle an. Aber jetzt ist sie nicht mehr allein, andere Wächter sind hinzugekommen und gehen ähnlich verletzend vor: Vielfach aufgeschlitzt blutet die Bohne regelrecht aus, binnen Minuten hängt sie schlaff wie ein nasser Bindfaden herab. Es ist offenkundig, dass die Akazie ihr bissiges Wachpersonal nicht nur gegen gefräßige Tiere einsetzt, sondern auch gegen Konkurrenten aus dem Pflanzenreich. Selbst Parasiten wie der Teufelszwirn hätten hier keine Chance.

Umso dringlicher stellt sich die Frage von vorhin: Wie motiviert die Akazie ihre Ameisentruppe? Was hält sie bei der Stange?

Dornen und Nektar

Die Antwort klingt überraschend einfach: Die kleinen, nur drei Millimeter großen *Pseudomyrmex*-Ameisen kämpfen um ihr eigenes Überleben. Sie verteidigen ihre Brut, ihren Wohnraum, ihre Quelle für Nahrung und Flüssigkeit. Das alles bekommen sie frei Haus von ihrer Pflanze geliefert, und sie haben keine Chance, es sich anderweitig zu besorgen. So bietet die Akazie gut geschützte Kinderstuben in Form ihrer mächtigen, spitzen Dornen. Trotz ihrer massiven Durchschlagskraft sind sie innen hohl und geräumig und sogar gut befeuchtet. Die Ameisenkönigin braucht nur eine kleine Öffnung herauszuschneiden, und schon erschließt sich ein idealer Raum für ihre Eier und Larven. Und auch die Ameisen selbst können sich jederzeit in die wetterfesten Kammern zurückziehen – oder neue Kammern anlegen. Denn die Zahl der Dornen wächst mit der Akazie. Ein Grund mehr, dieses Wachstum auf keinen Fall zu gefährden.

Am Dorneneingang nahe der Spitze herrscht Hochbetrieb. Ich versuche herauszufinden, wer eigentlich den Vortritt hat an diesem Engpass – die Einsteigenden oder die Aussteigenden –, kann aber keinerlei Verkehrsregelung feststellen. Mal so, mal so, wie es gerade passt. Aber dann kommt es doch zum Stau. Eine der Ameisen schleppt ein goldgelbes, längliches Paket heran – halb so groß wie sie selbst und zu hoch, um durch die Eingangsöffnung zu passen. Es eckt ein paarmal an der Türumrandung an, aber schließlich macht die Paketträgerin kehrt und schiebt sich rückwärts durch den Eingang – die Last einfach hinter sich herziehend. Und alle machen ihr Platz.

Der Zustelldienst ist in der Tat lebenswichtig. Es handelt sich um eilige »Babynahrung« – Kohlehydrate, Fett und Eiweiß für die Larven. Schon wird das nächste leuchtend gelbe Paket hereingetragen. Und so geht es an allen bewohnten Dornenhöhlen zu: Das *Pseudomyrmex*-Volk arbeitet dezentralisiert, auf viele Dornenkommunen verteilt. Und entsprechend unterschiedlich sind die Transportwege, auf denen die gelben Carepakete zugestellt werden. Aber wo werden sie abgeholt? Wo finden die Ameisen diese *food bodies*, wie Charles Darwin sie vor hundertfünfzig Jahren taufte? Martin geht etwas in die Knie, um besser sehen zu können, dann zeigt er auf einen jungen Akazienzweig, der mit gelben Punkten übersät ist – mit Hunderten von *Futterkörperchen*. Sie sitzen an der Spitze der Fiederblättchen wie winzige gelbe Minifrüchte. Ordentlich und appetitlich aufgereiht, als hätte die Akazie ein Buffet angerichtet, das kurz vor der Eröffnung steht. »Die müssen noch etwas reifen«, stellt Martin fest, die gelbe Farbe sei noch zu hell. Aber wie bei einem Buffet üblich, gibt es auch hier besonders ungeduldige Gäste. Wir entdecken eine Ameise, die es offenbar nicht erwarten kann und mit einem Futterkörperchen kämpft. Vergeblich, es will sich einfach nicht vom Blatt hebeln lassen. Schon morgen, meint Martin, sei es so weit. »Dann ist Erntezeit; dann sind sie reif und lösen sich leichter.«

Neben der festen Nahrung wird den Ameisen auch Flüssiges geboten. An jedem Blattstiel wartet eine Art Bar: ein kleiner Trog, der sich – fast wie im Märchen – ständig neu mit Nektar füllt. Besondere Drüsen liefern den energiereichen Zuckersaft, der den Ameisen als Kraft- und Wasserspender dient. Sie hängen ihren Kopf in den Trog, und ihr Durst nach Energydrinks ist oft größer als die Nachschubkapazität. Dann schauen die Ameisen nach der nächsten Bar – was ganz im Sinn der Akazie ist, denn die Wächter sollen möglichst viel unterwegs auf Patrouille sein.

Extraflorale Nektarien nennen die Biologen diese Nektarquellen außerhalb der Blüten. Ihre Funktionsweise oder auch der Nektar selbst ist noch wenig untersucht – eine Forschungslücke, die dringend zu schließen wäre, weil auch viele Gemüse- und Obstsorten wie Pfirsich-, Kirsch- oder Pflaumenbäume und auch der Baumwollstrauch solche Nektarien als Abwehrstrategie einsetzen.

Jedenfalls spricht alles dafür, dass die *Pseudomyrmex*-Ameisen auf den Akazienbüschen absolut zufrieden sind mit ihrer Verpflegung. Sonst würden sie nicht jegliches Alternativangebot ausschlagen. Als Juan Carlos, Martins Mitarbeiter, etwas Zucker (den er sich vom *Cafesito* beim Frühstück abgespart hat) auf die Akazienblätter streut, erwarten wir natürlich, dass die Ameisen sich über die Kraftspeise hermachen, die da vom Himmel fällt – so wie Ameisen es eben tun. Unsere *Pseudomyrmices* kommen in der Tat herbeigestürmt, aber nur, um ihre Pflanze von dem weißen Zeug zu befreien: Körnchen für Körnchen stemmen sie hoch und schleudern es in die Tiefe. Bis auch der letzte Kristall verschwunden ist. Sie nehmen nur, was von ihrer Akazie kommt, hängen buchstäblich am Tropf der Pflanze. Und umgekehrt tut die Akazie alles für ihre Wächter. Selbst der Nektar ist speziell auf ihren Geschmack zugeschnitten.

Dieses erstaunliche Resultat ergab die chemische Analyse in Martins improvisiertem Labor im Hotel »Jardin Real« – einer einfachen Absteige, mitten in einem königlichen Garten voller tropischer Gewächse. Das Labor ist ein gewöhnliches Hotelzimmer, das Martins Team nutzen kann – und es auch ausgiebig tut: Jedes Fleckchen einschließlich der Betten ist belegt mit Kartons, Fläschchen, Chemikalien, Reagenzgläsern, Pipetten und sogar einer Zentrifuge. Das Putzpersonal hat keinen Zutritt – und ist froh darüber. Hier im Königlicher-Garten-Laboratorium wurde der Akaziennektar untersucht. Er ist zwar süß, wie es sich für Nektar gehört, aber mit reinem Traubenzucker gesüßt, einer Zuckerart, die *Pseudomyrmex*-Ameisen besonders mögen, aus der sich aber andere Insekten nicht viel machen. Ein hübscher Schachzug, denn natürlich würden sich Bienen oder Fliegen schon mal ein Schlückchen genehmigen, wenn sie sehen, dass die Nektarbar gerade frei ist.

Die Zusammenarbeit von Akazie und Ameisen ist für beide von Vorteil. Ein Geschäft, das ihr Lebensrisiko vermindert. Für Dritte, die sich in diese Connection einschalten – und sei es nur für eine Filmdokumentation –, lässt sich das nicht unbedingt sagen. Wir haben uns zum Abendessen umgezogen und sind gerade dabei, das »Jardin Real« zu verlassen. Über eine Außentreppe aus Metall, die vom ersten Stock in den Garten führt. Und hier passiert, womit niemand gerechnet hat. Alles geht so schnell, dass ich erst im Nachhinein, zeitgleich mit dem Hochschießen meines Adrenalinspiegels, rekonstruieren kann, was dieser dröhnende Schlag und Brians Flüche zu bedeuten haben. Eine Kokosnuss muss sich über unseren Köpfen gelöst haben. Ist zischend durch das Laubwerk der Tropenpflanzen geschossen. Auf das Geländer der Eisentreppe geknallt. Und mit einem satten Klatschen zersprungen. Der Aufprall hat die Treppe in dröhnende Vibrationen versetzt und Brians frisches Hemd mit klebriger Kokosmilch durchnässt. Kein Wunder, dass er sich fluchend Luft macht – aber ein Schritt näher, und es hätte nichts mehr zum Fluchen gegeben. Kokosnüsse sind unberechenbar.

Zurück zu den vergleichsweise harmlosen Akazien auf Louis' Kuhweide. Ihre Kooperation mit Ameisen ist so auffällig, einfach und effektiv, dass die Naturforscher sie schon vor Jahrhunderten entdeckt haben. Doch niemand – auch Charles Darwin nicht – konnte angeben, wie sehr sich die Investition in Riesendornen, Futterkörperchen und Extranektar eigentlich lohnt.

Dass die Ameisen verloren wären ohne die Gaben ihrer Akazie, ist offenkundig, aber gilt das auch umgekehrt? Wie käme eine Akazie ohne ihren teuren Wachdienst zurecht? Allein die Produktion der Nahrungspakete verschlingt zehn Prozent der Energie und dreißig Prozent der Fettproduktion. Zahlt sich das wirklich aus?

Die Frage ist eine der Kernfragen in Martins Feldforschung:

»Ich kann euch zeigen, was der Wachdienst bringt.« Ohne weitere Erklärung führt er uns zu einem Akazienbusch, der merkwürdig zweigeteilt ist. Die rechte Hälfte ist wie gewohnt grün, gesund und intakt – und von *Satanicus*-Ameisen bevölkert. Die linke Hälfte hingegen sieht vergleichsweise jämmerlich aus. Viele Fiederblättchen fehlen und hinterlassen hässliche »Zahnlücken«. Andere sind angefressen und ausgefranst. Schlingpflanzen winden sich ungehindert in die Höhe. Und jetzt entdecken wir sogar eine Buckelzikade, die einen jungen Ast angebohrt hat – und nicht weit entfernt eine ganze Schar kleiner Zikadenlarven, die hier offensichtlich geschlüpft sind (Abb. 22). Wer jetzt aber erwartet (so wie ich es getan habe), auf dieser erbärmlichen Akazienhälfte gebe es keine Ameisen, muss nur genauer hinschauen. Sie sind deutlich zu sehen, trinken Nektar und nutzen die Dornen. Martin klärt uns auf: Das seien keine *Satanicus*-Ameisen, sondern das

Abb. 22: Eine Buckelzikade hat sich samt Kinderschar auf einem Akazienzweig niedergelassen. Wo bleibt hier die Verteidigung durch Ameisen?

89

sei eine andere Art, die sich hier einfach einquartiert habe. Sie nutze die Versorgung, bringe aber keinerlei Gegenleistung. So etwas sei zwar selten, aber es komme vor. Und dann schwingt sogar ein Hauch von Empörung mit in Martins Stimme: »Die sind wirklich feige; die hauen ab vor jedem Feind, selbst vor meinem Finger ...«. Bei den letzten Worten hält er seelenruhig seine Hand in den Akazienzweig – und löst eine überstürzte Fluchtbewegung unter den Ameisen aus. Manche ziehen sich sogar zurück in ihr Dornenversteck. Was für ein Unterschied zu den »tapferen« *Satanicus*-Wächtern auf der anderen Seite! Die halten ihre Hälfte sauber und frei von Feinden. Aber warum haben sie nicht längst die faulen Nachbarn attackiert und davongejagt? Wie kommt es zur Koexistenz so ungleicher Partner? Genau das sei die Frage, der er nachgehen wolle, meint Martin, aber eines stehe schon fest: »Im Kampf gegen die satanischen Nachbarn legen die Feigen alle Feigheit ab. Sie scheinen zu wissen, was auf dem Spiel steht.«

Der Akazienbusch mit den zwei Gesichtern hat jedenfalls klargemacht, was eine schlagkräftige Ameisentruppe wert ist. Und nicht von ungefähr gibt es rund um die Welt eine ganze Reihe von »Ameisenpflanzen«, die diese Strategie erfolgreich einsetzen. In einem Fall allerdings scheint sich die Pflanze nur Nachteile einzuhandeln, und bis vor Kurzem stand die Wissenschaft diesbezüglich vor einem Rätsel. In Borneo wächst eine Ameisenpflanze, die ihre Gäste zwar versorgt, aber von eben diesen Gästen permanent beraubt und bestohlen wird. Das kann eigentlich nicht sein – wozu sollte die Pflanze in ihren eigenen Schaden investieren?

Die Antwort ist, wie so häufig, überraschend einfach. Aber jahrhundertelang tappten die Biologen im Dunkeln – bis jetzt zwei Biologen des Rätsels Lösung fanden. Nicht irgendwelche Biologen – es handelt sich um Marlis und Dennis Merbach, und es lohnt sich, sie nochmals in den Sumpfwald von Brunei zu begleiten.

Das Rätsel der langen Zähne

Marlis fummelt an ihrer Weste herum und zieht aus einer der unzähligen Taschen ein Werkzeug hervor, das ich nie und nimmer mit Biologen in Verbindung gebracht hätte: einen Zahnarztspiegel. Langer Griff, schräg abstehender Spiegel, so groß wie eine Euromünze. Den habe sie immer dabei wegen *Camponotus schmitzi* – was mich auch nicht wesentlich klüger macht. Für einen Augenblick genießt Marlis unsere Ratlosigkeit, dann beugt sie sich über eine Kannenpflanze, führt den Spiegel in die Öffnung und schaut damit unter den roten, geriffelten Rand der Kanne, der wie ein gewölbtes Dach nach innen übersteht. »Sind die nicht süß!«, begeistert sich Marlis, und weiter: »Die müsst ihr unbedingt filmen.« Der Hohlraum unter dem Dach ist tatsächlich bewohnt. Kopfüber hängt hier ein gutes Dutzend kleiner Ameisen. Sie fühlen sich so sicher in ihrem Versteck, dass sie nicht einmal zurückzucken, wenn ein Zahnarztspiegel in ihrer Welt auftaucht. Im Gegenteil, neugierig schieben sie den Kopf über den Rand und riskieren ein Auge. »Darf ich vorstellen, *Camponotus schmitzi*, meine erklärten Lieblinge«, sagt Marlis vergnügt. Die gucken tatsächlich irgendwie verschmitzt. Dann werden wir belehrt, dass die Ameisenart einmalig sei und nur auf *Nepenthes bicalcarata*, ebendieser Kannenpflanze, lebe (Abb. 23). Perfekt angepasste Tierchen. Selbst wenn die *Schmitzi* mal den Halt verlieren und kopfüber in die Kannenflüssigkeit stürzen, ist das kein Unglück. Sie können nicht nur schwimmen, sie sind auch perfekte Taucher, bis hinunter zum Kannengrund. Über eine Minute können sie unter Wasser bleiben. Und sie laufen nach Belieben die glatten Wände hoch, als hätten sie Spikes an den Sohlen.

Kein Wunder, dass diese schwimmenden, tauchenden, kletternden Alleskönner die Kanne als ihr Zuhause ansehen. Die Frage ist allerdings, wo sie einen Platz finden für ihre Brut –

Abb. 23a: Eine Kannenpflanze mit dem Beinamen *Bicalcarata.* Er bezieht sich auf die beiden »Zähne« unter dem Deckel. Wozu sind sie gut?

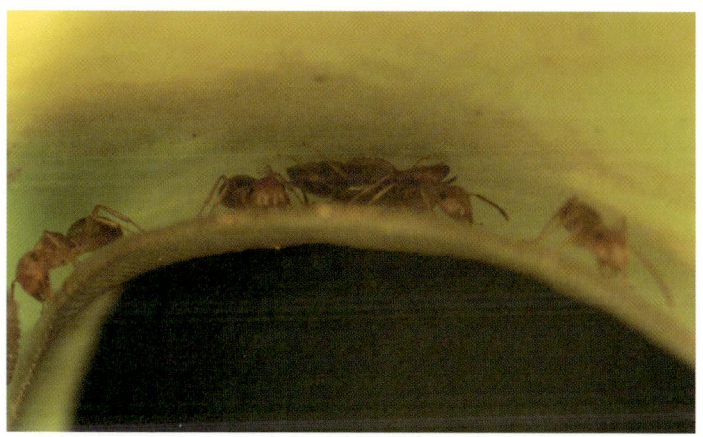

Abb. 23 b: Ein Blick aus dem Innern der Kanne nach oben: Unter dem gewölbten Rand verstecken sich Ameisen. Sie stehlen gefangene Insekten.

für die madenähnlichen Larven, die überall abstürzen würden und unbedingt eine schützende Kammer brauchen. Marlis nimmt sich der Frage gerne an. Sie zeigt auf den Kannenstiel, der nicht stielgerecht gerade verläuft, sondern an einer Stelle wie eine Carrera-Rennbahn einen Looping macht. Der Stängel sei hohl, und in dieser Loopingschleife würden die Ameisen ihre Brut aufziehen (Abb. 24). Spätestens jetzt wird mir klar, dass die Kannenpflanze etwas tut für das Wohl ihrer Ameisen.

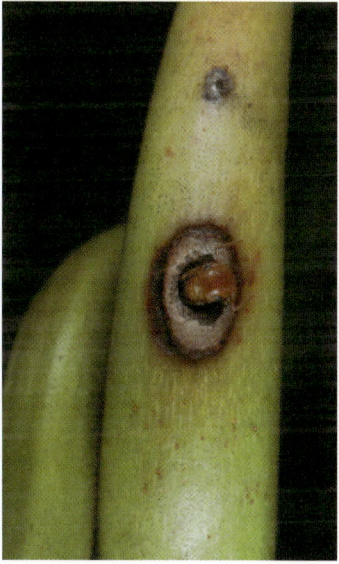

Abb. 24: In ihrer Stängelwindung bietet die Pflanze Wohnraum an.

Ähnlich wie die Akazien in Mexiko stellt sie Wohnraum zur Verfügung – und einiges mehr, wie wir noch sehen sollten. Was liegt näher, als anzunehmen, dass auch die *Schmitzi* als Schutztruppe dienen? Dass sie fremde Insekten von »ihrer« Pflanze vertreiben? Doch schon im nächsten Augenblick bemerke ich den Widersinn: Eine Truppe gegen Insekten wäre der maximale Schaden für eine Pflanze, die auf eben diese Insekten als Beute angewiesen ist. Fleischfressende Pflanzen und Ameisen als Wache – wie soll das zusammengehen?

Die Antwort gibt eine kleine Fliege, die suchend über den roten Kannenrand trippelt. Immer wieder stoppt sie und tunkt den Rüssel in den süßen Nektarfilm, der sich über die Oberfläche ausbreitet. Lockmittel und Gleitmittel in einem. Schmackhaft und schlüpfrig. Und nachhaltig: Ein unsichtbares Netz aus Nektardrüsen sorgt für Nachschub. Auch die *Schmitzi* könnten sich hier jederzeit bedienen und Energie tanken. Tun sie aber nicht. Aus unerfindlichen Gründen ignorieren sie die Nahrungsquelle und ignorieren auch die kleine Fliege, die – bislang jedenfalls – sicher über den schlüpfrigen Untergrund turnt. Für die *Schmitzi* scheint der umlaufende Rand »neutrales Gebiet« zu sein. Sie überqueren ihn zwar, wenn sie ihr Versteck verlassen, aber sie bleiben passiv und friedlich: Keiner der Besucher wird attackiert oder vertrieben. Für Ameisen ein äußerst ungewöhnliches Verhalten – das allerdings ganz im Sinne der Kannenpflanze ist. So wahrt sie den Schein einer bequemen »Nektartheke« und kann mit dem Absturz der Trinker rechnen.

Sollte die Pflanze auch diese seltsame Gleichgültigkeit ihrer Ameisen arrangiert haben? Und wenn ja, wie? Und warum hält sie sich überhaupt eine Ameisentruppe – die dann doch nichts tut? Die Kannenpflanze *Nepenthes bicalcarata* steckt voller Rätsel, und es lohnt sich, sie etwas näher anzuschauen.

Auf Borneo gibt es an die dreißig Kannenpflanzenarten, aber *Bicalcarata* sticht sofort ins Auge: ein bauchiges Gefäß mit weiter Öffnung. Darüber wölbt sich ein schräg stehendes Dach. Irgendwie erinnert mich die Konstruktion an einen traditionellen bayerischen Bierkrug, dessen Deckel halb geöffnet ist. Und tatsächlich nehmen die Iban, die Ureinwohner Borneos, daraus einen Schluck, wenn sie sich einen »Magenbitter« genehmigen wollen. Die fett- und eiweißspaltende Kannenflüssigkeit fördert auch bei uns die Verdauung. Darüber hinaus hat *Bicalcarata* aber wahrhaft herausragende Merkmale: zwei lange, spitze Dorne, die wie Säbelzähne von der Unterseite des Deckels abstehen. Sie sind so auffallend, dass sie schon im 19. Jahrhundert als Namengeber herhalten mussten. Das lateinische *Calcaratus* bedeutet »Dorn«, und *bi* steht für »zwei«. Warum hat sich *Bicalcarata* derart aufwendig bewaffnet? Wen will sie abwehren mit ihren scharfen, nadelspitzen Zähnen? Oder könnten sie ganz anderen Zwecken als der Verteidigung dienen? Seit jeher rätselten die Biologen über die Funktion der auffälligen Organe (Abb. 25).

Abb. 25: Die beiden »Zähne« dienen nicht der Abwehr, wie man bis vor Kurzem noch glaubte. Sie sind besondere Nektarspender für die Ameisen.

Die gängigste Ansicht war, dass sie eine Art Diebstahlschutz darstellen. Vögel, kleine Affenarten oder Nagetiere sollen daran gehindert werden, sich an der Pflanzenbeute zu vergreifen und gefangene Insekten zu angeln. Doch niemand konnte die These belegen. Und wenn die Gefahr des Mundraubs tatsächlich so hoch ist, warum haben andere Kannenpflanzen nicht ähnliche Schutzmaßnahmen ergriffen – nicht einmal *Albomarginata*, die einen ganzen Topf mit leckerem, vorverdautem Termitenbrei zu bieten hätte? Wirklich einleuchtend ist die Abwehrthese nicht.

Dennis, der Mann mit dem großen Blick fürs Kleine, hat *Bicalcaratas* Zähne ausführlich beobachtet – natürlich bäuchlings beim Fotografieren. Und durch den Sucher war ihm aufgefallen, dass sie alle paar Minuten Besuch bekommen. Immer wieder erklettert eine *Camponotus schmitzi* die Unterseite des Deckels, balanciert gekonnt bis zur äußersten Dornenspitze – und trinkt dort wie aus einem Wasserhahn. Ein paar Sekunden lang. Dann eilt sie zurück in ihr Versteck unter dem Kannenrand. Was für eine Überraschung. Die Säbelzähne entpuppen sich als Nektarspender. Für normale Insekten nicht leicht zu erreichen, aber für die geschickten *Schmitzi* kein Problem. Hier werden sie stetig und reichlich versorgt, wann immer sie mögen; sie sind nicht angewiesen auf den dünnen Nektarfilm des Kannenrands. Und folglich gibt es keinen Grund, ihn zu verteidigen.

So also manipuliert *Bicalcarata* ihre Ameisen und lotst sie weg vom Einzugsgebiet ihrer Grube. Durch exklusive Sonderverköstigung! Der Aufwand für die *Schmitzi*-Truppe ist gewaltig, und entsprechend groß sollte eigentlich die Gegenleistung der Ameisen ausfallen. Doch es sieht nicht danach aus. Im Gegenteil: Die Ameisen fügen ihrer Pflanze sogar Schaden zu und bestehlen sie in organisierten Raubzügen. Hier – ruft Marlis und zeigt uns eine mächtige *Bicalcarata*-Pflanze, die in vielen Schlingen und Schleifen einen Baum erklettert; zu

Hunderten hängen ihre rot-grünen »Bierkrüge« von den Ästen. Marlis leuchtet mit ihrer Taschenlampe (die natürlich auch einen Stammplatz in ihrer Weste hat) in eine der Kannen, und wir werden Augenzeugen eines solchen Raubzugs. Ein Pulk von *Schmitzi* ist in die Kannenflüssigkeit abgetaucht und macht sich über eine ertrunkene Schwebfliege her. Unter Wasser schleppen sie die Beute zur Wand und dann aufwärts. Schiebend und zerrend, wie man es von Ameisen kennt. Die Eiweißnahrung ist für die Brut bestimmt. Doch jeder Bissen, den die Larven im Stängel bekommen, geht der Pflanze verloren – ein echter Verlust an Nährstoffen.

Bicalcarata scheint auf der ganzen Linie der Verlierer zu sein. Doch wenn es tatsächlich so wäre, hätte sie längst ihren Wohnraum geschlossen und die teure Nektarproduktion eingestellt. Irgendetwas muss in dieser komplizierten Partnerschaft auch für die Kannenpflanze herausspringen, sonst würde sich *Bicalcarata*, vermenschlicht ausgedrückt, diese Behandlung nicht gefallen lassen. Oder biologischer: Sonst hätten ameisenfreie Pflanzen längst ihre benachteiligten Artgenossen verdrängt. Aber worin könnte der Nutzen für die Kannenpflanze liegen?

Vielleicht bekommt es ihr, dass die Ameisen größere Beutetiere vor dem Abtransport zerkleinern; dann liegen sie nicht so im Magen, können leichter verdaut werden. Bis vor Kurzem war das die einzige Erklärung, die aber nie ernsthaft geprüft worden sei, weiß Marlis. Und auch hier trete *Albomarginata*, die sogar Tausende von Insekten am Stück verdaut, eine Art Gegenbeweis an.

Marlis jedenfalls ist überzeugt, dass sich hinter den Aktionen der *Schmitzis* noch mehr verbirgt, und sie macht sich daran, das Rätsel zu lösen – in bester, aber selten gewordener Biologentradition: durch geduldiges Beobachten. Als Erstes entdeckt sie, dass junge *Bicalcarata*-Kannen immer wieder Löcher und Fraßrillen aufweisen – gravierende Verletzun-

Abb. 26 a: Kameramann Brian McClatchy setzt das lange Endoskop-objektiv ein, um einen Rüsselkäfer auf Augenhöhe zu porträtieren.

gen, die zu Missbildungen oder zum Absterben des Fang-organs führen. Den Übeltäter in flagranti zu erwischen ist ein nahezu hoffnungsloses Unterfangen, denn die meisten Pflan-zenfresser sind nachts aktiv und halten sich die längste Zeit versteckt. Doch Marlis, die Maßlose, besitzt einen geradezu unheimlichen Sinn, Verborgenes zu finden – so wie sie ge-nau im richtigen Augenblick den Massenabsturz der Termi-ten entdeckt hat. Wie sie das anstellt, ist mir schleierhaft, und ich flüchte mich in die These, dass Dennis sie seit Jahren im Training hält. Es vergeht kein Tag, an dem er beim gedanken-versunkenen Fotografieren nicht irgendetwas liegen lässt – einen Objektivdeckel, die Sonnenbrille, eine Kappe oder die Kameratasche. Kein wirkliches Problem. Marlis findet alles wieder. Und ebenso findet sie irgendwo im Sumpfwald einen kleinen, putzigen, nur erbsengroßen Rüsselkäfer – der reglos auf einer Kannenknospe sitzt. Er sollte sich als Schlüssel für all die Ungereimtheiten rund um *Bicalcarata* und ihre Ameisen erweisen.

Mit bloßem Auge kann ich von dem braunen Winzling nicht viel erkennen, aber durch das Makroobjektiv wirkt er riesig und gutmütig wie ein Tapir; er hält kurz inne, schaut mit großen Augen in die Kamera, als wolle er sich vergewissern, dass wir bereit sind. Dann senkt er den Rüssel. Die Schneidewerkzeuge an der Spitze fräsen sich in den zarten Kannenhals. Man glaubt das Bohren und Schmatzen zu hören. Und schon ist das nächste Loch an der Reihe (Abb. 26). Solche Verletzungen führen zum Absterben der ganzen Kanne, kommentiert Marlis. Und damit gehe ein besonders kostbares Organ verloren, das für die Stickstoffversorgung dringend benötigt werde. Doch so weit will Marlis es nicht kommen lassen. Sie stülpt ein Plastikdöschen über den beschäftigten Käfer und versenkt es in ihrer Weste.

Szenenwechsel für uns und den Rüsselkäfer. Wir haben ihn

Abb. 26b: Der Rüsselkäfer ist der Erzfeind von *Bicalcarata*, denn er nagt die lebenswichtigen heranwachsenden Kannen an.

zu unserer Pflanze mit den *Schmitzi*-Ameisen gebracht und vorsichtig wieder ausgesetzt. Die Passage scheint ihm wenig ausgemacht zu haben; er wartet ein paar Augenblicke, dann erkundet er, gemächlich krabbelnd, das neue Terrain. Brian verfolgt ihn mit der Kamera. »Sagt mir rechtzeitig Bescheid, wenn sich was tut!« Doch es tut sich nicht viel. Die *Schmitzi* wagen sich nur gelegentlich unterm Kannenrand hervor, laufen zum Loopingnest oder machen eine Stippvisite bei den Nektarzähnen. Ich bewundere gerade ihre Balancekünste beim Trinken, da höre ich Brian ganz ruhig und konzentriert: »Da kommt doch eine, warum sagt mir das keiner?« Der Kameramonitor zeigt es überlebensgroß: Aggressiv und blindwütig hat sich eine der Ameisen in ein Käferbein verbissen. Jetzt stürzen andere hinzu. Es ist vorbei mit ihrer Harmlosigkeit und Friedfertigkeit. Instinktiv schlagen sie ihre Kieferzangen in die verwundbaren Gelenke, wo die Panzerung Lücken hat. Der Rüsselkäfer gerät in Panik. Er kann die Angreifer nicht loswerden und flüchtet sich auf die Oberseite des Kannendeckels: die ideale Plattform für den Abflug. Der Kannenkiller schwirrt davon. »Können wir das wiederholen?«, meint Brian lakonisch, der von den Flugkünsten des Käfers ebenso überrascht wird wie wir.

Das ging noch glimpflich ab, meint Marlis. Sie habe schon erlebt, wie die Ameisen einen Rüsselkäfer zum Kannenrand schleppen und in die Grube stoßen. Sie werfen ihrer Pflanze den Erzfeind zum Fraße vor – wobei sie sich später wohl selbst ein Stück abschneiden werden.

So lösen sich die Widersprüche um *Nepenthes bicalcarata*, die Kannenpflanze mit den zwei Zähnen. Marlis und Dennis haben alle Puzzlestücke zu einem überraschenden Gesamtbild zusammengesetzt: Die Ameisen erhalten Wohnraum und Verpflegung – einschließlich eines Beuteanteils aus der Falle. Im Gegenzug attackieren sie den Erzfeind ihrer Pflanze. Aber – und das ist der eigentliche Clou: Gleichzeitig dulden sie alle

Insekten, die auf dem Rand der Fallgrube nach Nektar suchen. Das Sonderangebot an den Zähnen macht es möglich.

Das jahrhundertealte Rätsel um die fleischfressende Ameisenpflanze ist gelöst. Marlis' Doktorarbeit soll davon handeln. Doch die nächste Denksportaufgabe wartet schon: Ulmar Grafe, Froschexperte von der Universität Brunei, hat uns eine Überraschung versprochen und in ein besonders dichtes und nasses Stück Sumpfwald geführt. Es ist sein Forschungsareal; ängstlich beschwört er uns immer wieder, ja keine Kannenpflanze zu zertreten. Vermutlich – so geht es mir durch den Kopf – hat er das geläufige Bild von Kamerateams, die großspurig und unsensibel alles niedertrampeln, um ihre Aufnahmen zu bekommen. Doch die Ermahnungen sind nicht ganz unbegründet. Überall tauchen Wurzeln aus dem Boden auf, als wollten sie Luft schnappen, machen einen U-Turn und verschwinden wieder im Untergrund. Tückische Stolperfallen. Und jeder Sturz würde garantiert einige Kannenpflanzen erschlagen, die hier auffallend dicht stehen.

Ulmar ist jetzt vor einer tiefhängenden *Bicalcarata* in die Knie gegangen und zückt seine Taschenlampe. Nacheinander schauen wir in die Kannenöffnung. Und mit großen Augen schauen sie zurück: drei Kaulquappen, die die Kanne als Swimmingpool nutzen. Die Überraschung ist perfekt. Das sind keine Insekten, das sind Wirbeltiere wie wir, die da im Licht der Lampe auftauchen. Ganz offensichtlich sind sie in der Kanne aus dem Ei geschlüpft. Aber wie hat die Froschmutter sie dort abgelegt? Auf dem Kannenrand sitzend wie auf einem schlüpfrigen »Donnerbalken« – so malt sich Ulmar das aus. Aber Augenzeugen gibt es nicht. Wie wappnen sich die Quappen gegen die Verdauungsflüssigkeit, zart behäutet wie sie sind? Und wie klettern die jungen Frösche aus ihrer Grube mit den spiegelglatten Wänden? Oder hüpfen sie? Auch das hat noch nie jemand beobachtet. *Bicalcarata* ist noch für viele weitere Forschungen (und Filmaufnahmen) gut.

Tod im Schilf und andere Dramen

Nicht jeder kann sich Ameisen als Abwehrgarde leisten; sie sind nicht überall verfügbar, und sie sind teuer im Unterhalt – selbst dann, wenn sie wenig zu tun haben. Ein Großteil der Pflanzen hat denn auch andere Verteidigungsmethoden entwickelt, wobei manche so genial und pfiffig sind, dass man beinahe Beifall klatschen möchte. Hier sind drei meiner ganz persönlichen Favoriten.

Rohrkrepierer

Schilfbestände sind ein augenfälliges Beispiel dafür, dass nicht nur der Mensch mit seinen Getreidefeldern riesige Monokulturen anlegt, sondern auch die Natur. Im Schilf wächst nichts als Schilf. Es duldet kaum andere Pflanzen, und sein Ausbreitungsdrang ist unerhört: Durch unterirdische Ausläufer bildet eine Schilfpflanze Jahr für Jahr neue, zusätzliche Halme, die mit einer Geschwindigkeit von zehn Zentimetern pro Tag aus dem Boden sprießen. So kann eine Riedfläche um dreißig Prozent jährlich wachsen (Abb. 27). Doch das Schilf steht vor ähnlichen Problemen wie eine landwirtschaftliche Monokultur: Ohne besondere Schutzmaßnahmen wäre der Bestand in Kürze aufgefressen. Wie im Schlaraffenland könnte ein Schädling hemmungslos zuschlagen, sich beliebig vermehren – und vermehrt weiterfressen. Bei den Getreidepflanzen ist es der Landwirt, der mit chemischen Spritzmitteln für den Schutz aufkommt. Das Schilf hingegen muss sich selber helfen. Gegen die Schilfeule zum Beispiel. Die Schmetterlingsraupe lebt ausschließlich im Schilf und vom Schilf. Sie hält sich gar nicht erst mit den harten, kieselsäurehaltigen Blättern auf, sondern bohrt sich gleich in die Stängel, die im Frühling aus dem Boden schießen, und frisst sich durch das weiche In-

Abb. 27: Schilf bildet weite, natürliche Monokulturen – mit der Gefahr, dass sich Schädlinge rasant vermehren. Doch das Schilf hält dagegen.

nere. Dabei beginnt sie mit einem jungen Spross und wechselt rechtzeitig, bevor er ihr zu eng wird, auf einen dickeren Stängel über. Auch den bohrt sie an und frisst ihn leer. Bis zu sechsmal zieht sie auf diese Weise um und lässt jedes Mal ein zerstörtes Heim zurück. Ob ein neuer Stängel die richtige Breite hat, misst sie durch Pendeln mit dem Oberkörper aus; erst dann bricht sie mit ihren Kauwerkzeugen ein. Ein echter Profi. Im letzten Schilfrohr – sieben Millimeter Durchmesser sind gefragt – verpuppt sich die Raupe und verlässt die Puppenwiege als paarungsbereiter Schmetterling. Keine Frage, die Schilfeule hinterlässt eine Spur der Verwüstung – die in den folgenden Jahren wie ein Flächenbrand um sich greifen könnte. Denn die Schmetterlinge legen ihre Eier bevorzugt in nächster Umgebung ab und vervielfachen so die Zerstörungskraft.

Ohne Gegenmaßnahme wäre das Schilf rasch am Ende. Doch seine Antwort ist ebenso sparsam wie wirksam. Zwei bis drei Jahre wartet die Pflanze ab, ob die Raupenattacke wirklich als »ernst« einzustufen ist, dann nimmt sie eine kleine architektonische Korrektur vor. Wie jedes Frühjahr schießen die Stängel neu aus dem Boden, aber rund um das Befallsgebiet bleiben sie deutlich schlanker – auf jeden Fall unter einem Durchmesser von sieben Millimetern. Kleine Änderung – große Wirkung: Die Raupen beginnen zwar ihr normales Nomadenleben von Schilfrohr zu Schilfrohr, aber am Ende finden sie keinen Raum mehr, um sich zu verpuppen. Oder sie bleiben schon vorher stecken, weil das Rohr zu eng ist – Rohrkrepierer. Jedenfalls ist die Verwandlung zum Schmetterling blockiert und die Vermehrung an diesem »Brandherd« schlagartig gestoppt. Die Schlankheitskur kann sich sehen lassen. Und man sieht sie tatsächlich: Scheinbar wahllos im Schilfmeer verteilt, liegen Inseln mit dünneren Halmen. Sichtbare Zeugen eines cleveren Abwehrkampfes.

Doch das ist erst die Hälfte der Geschichte. Die gesamte Verschlankung der Stängel wäre nutzlos ohne den zweiten, ganz undramatisch erscheinenden Schritt: Schon nach zwei bis drei Jahren kehren die Schilfhalme zum Normalmaß zurück. Das klingt, wie gesagt, nicht sonderlich aufregend, ist aber trotzdem ein raffinierter Schachzug. Denn so lässt sich verhindern, dass die Raupen eine Gegenstrategie entwickeln: dass sie sich auf die beengten Verhältnisse einstellen und ihrerseits schlankere Puppen ausbilden. Dazu bleibt ihnen jetzt keine Zeit. Bevor sie sich anpassen könnten, ist alles wieder beim Alten. So behauptet sich das Schilf trotz Monokultur – gerade so, als würde es etwas von den Gesetzen der Evolution verstehen.

Kartoffelleim

Eine Blattlaus ist kein ernsthafter Gegner. Das Tierchen sticht in die Leitungsbahnen und saugt ein paar Zuckertröpfchen ab. Aber eine Blattlaus kommt selten allein. Und vor allem: Sie bleibt selten allein. Blattläuse sind Kopiermaschinen der unheimlichen Art. Wenn die Bedingungen günstig sind, klonen sie sich selbst. Dann pressen die Weibchen eine Tochter nach der anderen aus dem Hinterleib. Alle lebend und alle genetisch identisch mit ihrer Mutter. Und jede Tochterlaus setzt

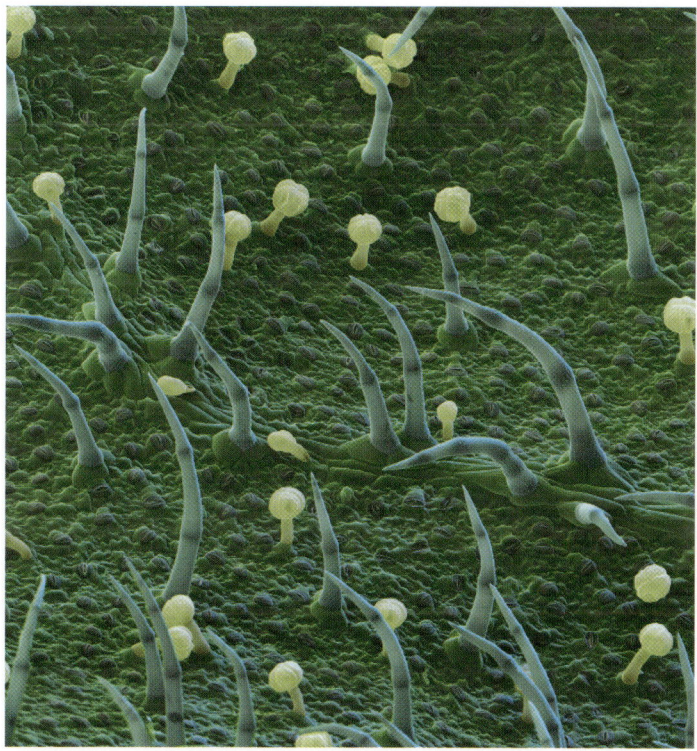

Abb. 28: Die Unterseite eines Kartoffelblatts mit Haaren und Drüsen. Manche Arten sondern einen Klebstoff ab, der Blattläuse leimt.

das Vervielfältigungsverfahren fort. Sie trägt schon die Enkel-läuse in ihrem durchscheinenden Körper, wenn sie auf die Welt kommt. Eine schwindelerregende Geburtenexplosion, die keine Pflanze ignorieren kann.

Eine Wildkartoffelart verteidigt sich gegen die Blattlausflut mit Waffen, die Militärs als »nicht letale Wirkmittel« bezeichnen würden. Auf der Blattoberfläche sitzen Minidornen – empfindliche Drüsenhaare, deren Spitze abbricht, sobald eine Blattlaus darüber schrammt. Und viel mehr kann die Laus auch nicht mehr unternehmen; denn aus dem Drüsenhaar quellen zwei Substanzen, die sich wie ein Zweikomponen-tenklebstoff verbinden und die Laus einfach festkleben. Ähnlich wie in den Zukunftsvisionen der Militärs, wo der Gegner durch rasch aushärtende Schäume außer Gefecht gesetzt werden soll.

Die Abwehrstrategie der Wildkartoffel jedenfalls geht auf. Sie wird so selten von Läusen und anderen Insekten angegriffen, dass sich Pflanzenzüchter überlegen, wie sie diese Fähigkeit in die Kulturkartoffel einkreuzen könnten – damit auch sie ihre Läuse leimen kann (Abb. 28).

Gummimilch

Wer klebt, der lebt! – scheinen sich auch die zwölftausend Pflanzenarten, vom Löwenzahn bis zum Gummibaum, zu sagen, die eine weiße Flüssigkeit durch ihre Adern pumpen. Die sogenannte Wolfsmilch wird an der Luft klebrig und zieht lange Fäden. Und genau das ist die Idee dahinter: Die Mund-werkzeuge der Insekten sollen verkleben, wenn sie an den Blättern fressen und dabei zwangläufig die Leitungsbahnen durchtrennen.

Der geniale Abwehrtrick hat die Welt verändert: die Menschenwelt. Im Jahr 1839 köchelte Charles Goodyear aus der

Latexmilch des Kautschukbaums unter Zugabe von Schwefel den ersten Gummi. Das Material für Autoreifen war geboren. Der Gummiboom schuf eine Milliardenindustrie. Gummizapfer zogen bis in die letzten Winkel des Amazonastieflands. Plantagen schossen ebenso in die Höhe wie der Latexpreis. Selbst heute noch, im Zeitalter der Kunststoffe, ist der klebrige Abwehrsaft unersetzlich. Für Kondome und Taucherbrillen, für Flugzeugreifen oder Bungee-Seile.

Zurück zu den eigentlichen Adressaten der »Pflanzenmilch«, den hungrigen Insekten. Die meisten machen tatsächlich einen Bogen um die Blätter mit der klebrigen Füllung. Doch einige Raupen und Käfer wissen, wie man sie trotzdem fressen kann – nach entsprechender Vorbehandlung nämlich. Sie schneiden die Blattspitze von der Milchzufuhr ab.

Mit ihren Mundwerkzeugen schlagen sie Lecks in alle zuführenden Leitungsbahnen und lassen die Latexmilch heraussprudeln – möglichst ohne damit in Berührung zu kommen. Und wenn es doch geschieht, legen sie eine minutenlange Pause ein, um die Milchreste, bevor sie klebrig werden, penibel abzuwischen. Nach der Zerstörungsarbeit an den Pipelines warten die Insekten in aller Ruhe ab. Bis die Blattspitze »ausgeblutet« ist. Dann kann das Spitzen-Mahl beginnen.

Insgesamt ein aufwendiges, aber lohnendes Rezept, das – zum Glück für die Wolfsmilchgewächse – nicht allzu viele beherrschen. Hinzu kommt, dass die Gummimilch nicht nur klebrig, sondern für die meisten Insekten auch giftig ist.

Und damit sind wir bereits bei der Standardabwehr der Pflanzen: Sie verteidigen sich durch Gifte.

KAPITEL 4

Selbstschutz: Eine Dosis Gift

Mit den Nerven am Ende

Er soll dem Tod ruhig und gelassen ins Auge geblickt haben, als er den Schierlingsbecher an den Mund setzte. Sokrates hatte nach Meinung des Athener Tribunals die Götter beleidigt und verderblich auf die Jugend eingewirkt. Im Jahre 399 v. Chr. wurde das Todesurteil gegen ihn vollstreckt – auf eine grausame und schmerzhafte Art: Der Saft des Gefleckten Schierlingskrauts, den Sokrates zu schlucken hatte, bewirkt eine Lähmung, die langsam von den Füßen her aufsteigt und schließlich, bei vollem Bewusstsein, Herz und Atmung blockiert. Verantwortlich dafür sind spezielle Giftstoffe, die der Schierling in seinen Blättern erzeugt – sogenannte Alkaloide, die auf unser Nervensystem einwirken.

Der Tod des großen griechischen Philosophen hat dem Schierlingskraut einen historischen Nimbus eingetragen, aber es gibt Hunderte anderer Giftpflanzen, die einen Menschen umbringen können. Die Tollkirsche zum Beispiel. Für mich war sie schon als kleiner Junge mit einem besonderen Gruselschauer verbunden: »Zwei bis drei Kirschen, und du bist tot«, erklärte mein Vater jedes Mal, wenn wir an dem großen Tollkirschenstrauch im Wald vorbeikamen. Dann traten wir ganz nahe heran – respektvoll, als handle es sich um ein schlafendes Ungeheuer – und bestaunten die glänzenden schwarzen Früchte, die verführerisch appetitlich aussahen. Dabei erzählte mein Vater Schauermärchen von unwissenden Kindern, die sich verleiten ließen, eine, nur eine einzige Tollkirsche zu probieren, und danach, verführt von dem süßlichen Geschmack, nicht widerstehen konnten, mehr und mehr zu essen. »Und dann?«, wollten wir Kinder natürlich wissen. Aber bevor mein Vater den Mund aufmachen konnte, hatte unsere Mutter schon entschieden, dass die ahnungslosen Kinder im Krankenhaus gerade noch gerettet werden konnten.

Trotzdem blieb das Phänomen Tollkirsche äußerst beunruhigend für mich. Wozu der tolle Geschmack – so toll, dass er der Kirsche sogar ihren Namen gab, wie ich damals als Fünfjähriger überzeugt war?

Warum gibt es echte Kirschen, die gesund sind? Und andere, die ähnlich gut schmecken, aber giftig und tödlich sind? Was ist das für ein Spiel? Mal so, mal so – das ergibt doch keinen Sinn. Ich hatte das Phänomen Tollkirsche bei den vielen Dingen einzusortieren, die man als Kind nicht versteht, aber eben deshalb auch nicht vergisst – weil da noch etwas offen ist, auf eine Erklärung wartet.

Unsere Einteilung der Pflanzen in giftige und ungiftige ist zwar verständlich, aber entspringt einem sehr selbstbezogenen Blickwinkel. Aus der Sicht der Pflanzen ist es völlig belanglos, wie wir auf ihre chemischen Substanzen reagieren. Wir sind nicht gemeint, wir sind aus dem Spiel. Der Hauptwirkstoff der Tollkirsche zum Beispiel – ein Alkaloid namens Atropin, das auch in den Blättern und Wurzeln vorkommt – soll gegen Raupen und Käfer schützen. Und gegen Säugetiere wie Rehe, Pferde oder Kaninchen, die an den Blättern knabbern könnten. Gegen sie ist das Nervengift ein probates Abwehrmittel. Die Tatsache, dass auch wir davon betroffen sind, ist als eine Art Kollateralschaden einzustufen. Obwohl wir gar nicht zur Zielgruppe gehören, kommt es auch in unserem Säugetierorganismus zu massiven organischen und psychischen Schäden: zu

Weinkrämpfen und Wahnerscheinungen, zu Tobsuchtsanfäl-
len (deshalb der Name »Toll«-Kirsche!) und schließlich, wenn
wir mehr als zehn bis zwanzig Beeren gegessen haben, zu
Koma und tödlichen Lähmungen.

Auch der süße Geschmack und der verführerische Glanz
der Tollkirschen sind nicht auf uns gemünzt. Sondern auf
Drosseln und andere Vögel. Sie sollen ermuntert werden, die
Früchte zu fressen – eine Rechnung, die durchaus aufgeht,
denn, anders als Säugetiere, sind Vögel unempfindlich gegen
Atropin. Für sie macht es kaum einen Unterschied, ob sie Sau-
erkirschen oder Tollkirschen zu sich nehmen. Sie genießen
das Fruchtfleisch und verbreiten die darin enthaltenen Samen
mit ihrem Kot. Was für uns tödlich ist, kann für andere höchst
bekömmlich sein. Und umgekehrt.

Die Vielfalt von Organismen erfordert eine Vielfalt von Ab-
wehrsubstanzen. Und so ist das Giftarsenal der Pflanzen un-
überschaubar groß und variantenreich. Jedes lebenswichtige
Organsystem des Feindes kann zur Zielscheibe der Pflanzenabwehr werden:

- Alkaloide wirken, wie gesehen, auf das Nervensystem und
  die Muskulatur.
- Phenole wie Tannin und andere Gerbstoffe schädigen das
  Verdauungssystem.
- Es gibt Gifte, die an den Blutzellen ansetzen und sie auflö-
  sen.
- Andere Pflanzensubstanzen greifen in den Hormonhaushalt
  der Insekten ein und behindern die Häutung.
- Und wieder andere attackieren die symbiontischen Bakte-
  rien in den Mägen der Wiederkäuer.

Selbst in den Gewürzregalen unserer Küchen stehen fast
ausschließlich Pflanzengifte. Die Würze von Knoblauch, Pfef-
fer, Thymian, Oregano usw. vermehrt zwar unseren Appetit,
wurde aber entwickelt, um den Appetit der Insekten zu verringern. Auch der typische Kohlgeruch von Brokkoli oder Ro-

senkohl rührt von Senfölen her, die der Kohl gegen Raupenfraß produziert.

Und wenn wir nach dem Essen einen duftenden Kaffee trinken, dann ist das belebende Koffeinalkaloid eigentlich gegen das Leben von Kaffeeschädlingen gerichtet. Testraupen zum Beispiel, die Futter mit Kaffeezusatz bekamen, wurden hyperaktiv und unkoordiniert in ihren Bewegungen, und Kreuzspinnen versagen nach dem Verzehren von koffeinhaltiger Nahrung kläglich, wenn sie ein Netz bauen wollen. Sie arbeiten zwar hektisch, aber heraus kommt ein regelloses, löchriges Gewebe ohne jede Struktur. Irgendwie kann ich das nachvollziehen; nach zwei Bechern Kaffee sieht meine Handschrift ähnlich unkoordiniert aus.

Die optimale Dosis

So gut wie jede Pflanze produziert chemische Abwehrstoffe, um sich wenigstens einen Teil der Feinde vom Leib zu halten. Das ist, für sich genommen, noch kein Zeichen besonderer Raffinesse oder gar Intelligenz, denn die Giftabwehr setzt keinerlei kognitive Fähigkeiten voraus – weder Kalkül noch Entscheidungskraft. Doch wenn es um die Frage der Dosierung geht, bin ich mir nicht mehr so sicher.

Hier verhalten sich einzelne Pflanzen geradezu irritierend vernünftig. Sie regeln ihre Giftproduktion so, als könnten sie individuell den zu erwartenden Schaden abschätzen. Drohen schwer zu ersetzende oder gar irreparable Schäden, produziert die Pflanze eine maximale Konzentration an Abwehrgiften. Und umgekehrt: Wenn der Schaden leicht zu beheben ist, erlaubt sich dieselbe Pflanze eine laxe Abwehr mit minimalen Giftdosen. Wer jetzt die Stirn runzelt und nach Belegen verlangt, hat mein volles Verständnis. Hier sind die gar nicht so neuen, aber in ihrer Bedeutung oft unterschätzten Fakten:

Abb. 29: Rötlich gefärbte, tanninreiche Blätter. Auf mineralstoffarmen Böden setzen Pflanzen bevorzugt auf dieses chemische Abwehrgift.

Pflanzen auf schlechten, mineralstoffarmen Böden haben grundsätzlich einen höheren Gehalt an verdauungshemmenden Phenolen. Sie sind giftiger – und das aus gutem Grund: Bei einem knappen Angebot an Nährstoffen – wenn es also an Stickstoff, Schwefel, Phosphor, Kalium, Kalzium oder Magnesium mangelt – ist verlorene Blattsubstanz nur schwer durch neues Wachstum wettzumachen. Besser setzt man auf eine gute Abwehr, um den Verlust gleich gar nicht eintreten zu lassen. So haben Buchen auf armen Sandsteinböden zehnmal (!) mehr Phenole in ihren Blättern als Buchen auf guten Kalkböden. Und die Pflanzen auf den mineralstoffarmen Tafelbergen Venezuelas produzieren so reichlich Tannine in ihren Blättern (Abb. 29), dass sie zur teebraunen Färbung der Bäche und Flüsse beitragen.

Wirklich aufregend dabei ist, dass die einzelne Pflanze offenbar selbst berechnet, wie stark ihr Gifteinsatz zu sein hat.

Sie prüft das Nährstoffangebot und bestimmt danach ihre eigene, sozusagen persönliche Verteidigungsstrategie. Bei Weiden wurde das genauer untersucht. Weidenstecklinge von demselben Weidenbusch sind genetisch gleich wie Zwillinge, aber sie verhalten sich unterschiedlich und wählen je nach Bodenqualität einen unterschiedlichen Phenolgehalt für ihre Blätter: hohe Giftabwehr auf Hungerböden, weniger Gift bei besserer Nährstofflage – weil im letzteren Fall die Schäden leichter zu verschmerzen und zu reparieren sind. Die – genetisch gleichen – Pflanzen verhalten sich wie zwei abwägende und kalkulierende Individuen, die das Beste aus ihrer Situation machen wollen.

Wie sie dabei ihre Entscheidungen treffen oder welche Zellen die Berechnung der Phenolkonzentration vornehmen, ist bis heute ungeklärt. Aber fest steht, dass das gängige Bild von Pflanzen als passive Lebewesen ohne jeden Entscheidungsspielraum keine Berechtigung hat.

Die standardmäßige Giftabwehr der Pflanzen ist überraschend flexibel und anpassungsfähig – um nicht zu sagen: intelligent. Aber sie hat auch einen gravierenden Nachteil. Sie ist teuer.

Für die Bereitstellung des Giftes muss die Pflanze ständig Nährstoffe und Energie abzweigen, was verständlicherweise zu Lasten des Wachstums und der Samenbildung geht. So gesehen hat das Gift seinen Preis – seinen berechtigten Preis, solange es Schädlinge fernhält. Doch die Kosten fallen auch an, wenn die Feinde ausbleiben oder sich verspäten, und dann wird die Bereitstellung der Gifte zu einer ziemlich unökonomischen Angelegenheit, zu einer Belastung, die eigentlich gar nicht nötig wäre. Wir sind einer vergleichbaren Situation schon bei der Verteidigung der Akazien in Mexiko begegnet, wo die Ameisen durchgehend, auch in »Friedenszeiten«, mit kostbaren Fetten und Proteinen durchgefüttert sein wollen. Bei der Giftverteidigung fällt dieser Leerlauf zwar weniger ins

Gewicht, weil die Giftstoffe – meistens jedenfalls – aus leicht zu beschaffenden »Billigprodukten« wie Wasser, Kohlendioxid und Stickstoff herzustellen sind. Aber sehr ökonomisch ist es trotzdem nicht, wenn man durchgehend chemische Abwehrwaffen unterhalten muss – ohne Rücksicht auf die tatsächliche Gefahrenlage.

Angesichts dieser Situation durfte man von »klugen Pflanzen« fast erwarten, dass sie ihr Blatt mit der chemischen Standardabwehr noch nicht ausgereizt haben. Aber erst ein dramatisches und mysteriöses Massensterben brachte die Wissenschaft auf die richtige Spur…

Das große Kudu-Sterben

Langsam wurde es Hennie Roberts zu viel: Schon wieder stieß er auf zwei prächtige Kudu-Böcke – tot auf seinem Farmgelände. Und wieder hatten sie keinerlei äußere Verletzungen oder gar Schusswunden. Rivalenkämpfe oder Wilderer kamen als Todesursache nicht infrage. Hennie war ratlos; den Tieren in seinem großen Wildgehege in Südafrika fehlte es an nichts. Er hatte ein Stück natürlicher Baumsavanne eingezäunt, um einheimische Tiere, vor allem die großen Kudu-Antilopen, zu halten. Und er war nicht der Einzige. Das »Game Farming« mit großen Wildtieren war in Südafrika in Mode gekommen und versprach wirtschaftlichen Erfolg. Kudu-Steaks und Kudu-Keule sind schmackhaft, gut verkäuflich, und das mächtige Gehörn ist eine gefragte Jagdtrophäe (Abb. 30). Und jetzt das: eine rätselhafte Seuche. Eine Virusepidemie, wie Hennies Kollegen vermuteten, die auf ihren Farmen das Gleiche erlebten. Allein im Jahr 1986 verendeten über zweitausend der mächtigen Antilopen. Veterinärmediziner untersuchten die toten Tiere, nahmen Blut- und Gewebeproben, konnten aber keine Erreger finden. Die Situation wurde immer bedrohlicher und

Abb. 30: Ein kapitaler Kudu-Bock. Als man die großen Antilopen in den Achtzigerjahren in Gehegen hielt, kam es zum rätselhaften Kudu-Sterben.

zugleich rätselhafter, denn der Kudu-Tod schlug nur innerhalb der Gehege zu – als könne er die Umzäunung genauso wenig überwinden, wie die Tiere dies vermögen.

Schließlich nahm sich Professor Wouter van Hoven von der Universität Pretoria der Angelegenheit an. Als Wildbiologe und Jäger war er vertraut mit der Tierwelt Afrikas, und schon bald fiel ihm auf, dass die toten Kudus deutlich unterernährt waren. Und das, obwohl in den Gehegen genügend Bäume mit saftigen Blättern standen. Die Kudus hätten nur ihr Maul öffnen, zubeißen und kauen müssen – so, wie sie es als Laubfresser auch in der freien Wildbahn tun. Und so haben sie es offensichtlich auch in den Gehegen gemacht, denn als van Hoven die Mägen der Tiere aufschnitt, waren sie zu seiner Überraschung prall gefüllt mit zerkautem Laub.

»Die sind mit vollem Magen verhungert«, erklärt er uns, als wir ihn in Transvaal für Filmaufnahmen besuchen. Und er nennt uns auch den Grund: Der Tanningehalt der Blätter sei so hoch gewesen, dass sie nicht mehr hätten verdaut werden können. »Die Kudus wurden von ihren angestammten Futterbäumen umgebracht« – so fasst der Wildbiologe seine Befunde zusammen, während er uns in seinem Geländewagen durch die Buschsavanne steuert, einen großen Caravan im Schlepptau. Darin verbirgt sich das Feldlabor der University of Pretoria, denn Wouter van Hoven hat uns zugesagt, uns draußen in der Natur die unheimliche und überraschende Wehrhaftigkeit der Bäume zu demonstrieren. Er rangiert den Hänger unter einen Baum mit tief hängenden Ästen und weist uns an, jetzt müssten wir Kudus spielen und Blätter rupfen. Es sei nicht nötig, sie zu essen, meint er vergnügt, und beginnt ungestüm an einem Blatt zu zerren und es in der Mitte durchzuschneiden. Auch wir machen uns mit Händen und Scheren über die Blätter her. »Nicht zu zaghaft!«, werden wir ermahnt, denn auch Kudus und andere Laubfresser würden heftig zur Sache gehen. Zehn Minuten lang malträtieren wir den Baum. Dann lassen wir ihn in Frieden, denn er hat genug mit sich selber zu tun. »Er reagiert bereits auf unseren Überfall«, meint van Hoven, auch wenn äußerlich nichts zu sehen sei. Der Baum fahre die Tanninproduktion in seinen Blättern hoch, und eben das wolle er in seinem Feldlabor sichtbar machen.

In der nächsten Stunde ist van Hoven beschäftigt. Alle fünf Minuten holt er sich ein paar Blattproben vom Baum, zerkleinert und verarbeitet sie und wäscht schließlich das Tannin heraus. Am Ende präsentiert er uns eine Reihe von Reagenzgläsern, deren Färbung zunimmt – von schwach getönt bis dunkelbraun. Wie Tee, den man aufgießt und ziehen lässt. Das herausgewaschene Tannin sorgt für die Färbung.

Das Ergebnis ist ebenso eindeutig wie erstaunlich: Schon nach fünfzehn Minuten hat sich die Tanninkonzentration nachweisbar erhöht, und im weiteren Verlauf schießt sie geradezu in die Höhe. Das lässt nur einen Schluss zu: Der Baum hat die Verletzungen erkannt und daraufhin seine Giftverteidigung angekurbelt. Gifteinsatz erst bei Gefahr im Verzuge! – das scheint die Devise vieler Pflanzen zu sein, und heute, rund zwanzig Jahre nach van Hovens Entdeckung, weiß man sogar, was eine Pflanze in die Lage versetzt, ihre Verletzungen zu spüren. Doch davon später. Noch bleibt die Frage zu klären, warum die Tanninabwehr in den Gehegen tödlich wirkt, nicht aber im Freien.

Als Wildbiologe, der viel Zeit im Gelände zubringt, hat van Hoven die Antwort sofort parat. Man müsse sich nur anschauen, wie die Tiere in freier Wildbahn fressen, die Kudus oder auch die Giraffen. Sie bleiben zehn bis fünfzehn Minuten an einem Baum, dann wechseln sie zum nächsten – auch wenn es noch Blätter im Überfluss gibt. Aber höchstwahrscheinlich, so van Hoven, schmecken die Tiere nach zehn Minuten bereits das bittere Tannin, das sich mehr und mehr ansammelt. Sie wechseln das Restaurant, wenn es nicht mehr schmeckt, und entziehen sich so der Giftwirkung. Anders in den Gehegen: Hier sind die Kudus zu zahlreich, und den Bäumen bleibt keine Erholungszeit, um ihre Giftproduktion wieder herunterzufahren. Wenn überall aber nur tanninverseuchte Kost geboten wird, bringt auch ein Lokalwechsel nichts mehr. Bitter für die Kudus. Und tödlich.

»Man kann nicht einfach ein Stück Natur einzäunen, Kudus einbringen und glauben, das würde funktionieren«, mahnt van Hoven und plädiert für mehr Respekt vor den Gesetzmäßigkeiten der Natur. »Die Natur hat in Millionen von Jahren ein fein ausbalanciertes Gleichgewicht zwischen Futterangebot und Nachfrage geschaffen. Dieses Zusammenspiel müssen wir erst einmal verstehen; wir müssen die Regeln der Natur begreifen, bevor wir sie imitieren und von ihr profitieren wollen.«

Wouter van Hovens Forschung hat nicht nur die Selbstverteidigung der Bäume in ein neues Licht gerückt, auch die Farmer in Südafrika haben begriffen, dass sie sich nach den Regeln der Natur richten müssen. Die Kudu-Dichte in ihren Gehegen darf nicht größer sein als draußen. Vier Kudus auf hundert Hektar sind genug. Sonst schlagen die Bäume zurück.

Der »Zug der Lemminge«

Viele Pflanzen haben offenbar ein Gespür dafür, wann es Zeit ist, ihren tierischen Gegenspielern Einhalt zu gebieten. Bei Überschreiten einer bestimmten Gefahrenschwelle treiben sie ihre Giftproduktion in die Höhe – und ihre Feinde in die Flucht. Und eben das könnte ein uraltes, legendäres Phänomen erklären: den Zug der Lemminge.

Der italienische Geistliche Francesco Negri war der Meinung, die Nordeuropäer würden ihre Länder nicht genügend erforschen. Und so macht er sich 1664 auf den Weg nach Norwegen und schafft es tatsächlich bis zum Nordkap. Er besucht die Zeltlager der Samen, fertigt Skizzen von ihrem Alltagsleben und veröffentlicht seine Erlebnisse schließlich unter dem Titel »Viaggio Settentrionale« – die Nordlandreise. In diesem Buch beschreibt Francesco Negri auch das mysteriöse Phänomen der Lemminge: »Diese Lemminge zeigen uns, dass Blitze bei Weitem nicht die geheimnisvollste Erscheinung in den Wolken sind; denn in ihnen werden voll entwickelte Tiere geboren, die mit dem Regen in riesiger Zahl zur Erde fallen und innerhalb eines Tages Gras und Korn völlig zerstören. Deshalb haben die Leute mehr Angst vor Lemmingen als vor Hagelschauern. Aber solche Zerstörung kommt nur selten vor, und viele Jahre vergehen, bis man die Tiere wieder sieht [...]. Es gibt kein Heilmittel gegen diese Schädlinge, aber sie verschwinden von selbst wieder, weil sie nur bis zum nächsten Frühling leben. Wenn sie das neue Gras fressen, sterben sie alle, als wäre es vergiftet.«

So abenteuerlich Francesco Negris Hypothese über die himmlische Herkunft ist, so erstaunlich korrekt sind seine sonstigen Beobachtungen über *Lemmus lemmus*, den Norwegischen Lemming. Alle drei bis fünf Jahre kommt es zu einem Lemmingjahr, zum Massenauftreten der kleinen Nager. Dann wuseln sie einzeln oder in kleinen Trupps durch das Gras, fressen und vermehren sich. Beides exzessiv. Jeden Tag futtern sie bis zum Zehnfachen ihres Gewichts, und alle drei bis vier Wochen entsteht eine neue Generation. Kein Wunder, dass ihre Zahl explodiert. Aber ebenso plötzlich sackt sie auch wieder ab. Dann sind die Straßen gepflastert mit toten Lemmingen und die Flussufer gesäumt mit angeschwemmten, ertrunkenen Tieren. Der Massentod der Lemminge wurde ähnlich fantastisch erklärt wie ihre angebliche Massengeburt in den Wolken. Allerdings rund dreihundert Jahre später. Und nicht von einem italienischen Geistlichen, sondern einem amerikanischen Filmemacher. 1954 produzierte Walt Disney die Serie »Wahre Abenteuer des Lebens« (»True Life Adventure«), und darin konnte jeder sehen, wie die Lemminge, dicht an dicht gedrängt, einen Zug formen, um sich wie in Trance über eine Klippe ins Meer zu stürzen. Der Massenselbstmord der Lemminge ist so populär geworden, dass er – vor allem bei Politikern – zur stehenden Redensart wurde. Wer von seinen Gegnern sagt, sie verhielten sich »wie Lemminge«, suggeriert, dass ihr Weg selbstmörderisch direkt in den Abgrund führt.

Die Biologen waren von Anfang an skeptisch, was die lebensmüden Lemminge angeht, aber erst nach und nach sickerte durch, dass Disneys wahre Abenteuer so wahr nicht waren. Der Massenmarsch in den Tod hat nicht in der Natur stattgefunden, sondern im Studio in Calgary in Kanada. Und dieser Heereszug bestand aus ein paar Dutzend Lemmingen, die auf einem schneebedeckten Drehteller zu laufen hatten und so immer wieder erneut die Kamera passierten. Ebenso war der Todessprung über den Felsen arrangiert, und er war, wie man sich denken kann, alles andere als freiwillig.

Der Zug der Lemminge in den Tod existiert nur im Film – als böser, wenn auch perfekt gemachter Trick. Aber er wird in unseren Köpfen wohl noch geraume Zeit weiterleben. Zu plastisch, grandios und schauerlich ist das Bild einer hysterischen Masse, die in den Abgrund rennt. Doch das Rätsel bleibt nach wie vor bestehen: Was bringt die Lemminge um ihr Leben? Was setzt ihnen derart zu, dass sie schon im nächsten Jahr praktisch verschwunden sind?

Als häufigste Erklärung wird die klassische Wechselbeziehung zwischen Räuber und Beute angeführt. Wenn es genügend Lemminge gibt, leben ihre Feinde, Schnee-Eulen oder Füchse, wie im Schlaraffenland. Sie vermehren sich rasant und fallen vervielfacht über ihre Beute her. Es dauert nicht lange, bis der gedeckte Tisch abgeräumt ist. Jetzt brechen Notzeiten für die Feinde an, ihre Zahl nimmt drastisch ab, und das ist die Chance für den Wiederaufstieg der Beutetiere: Ein neues Lemmingjahr bahnt sich an.

Der wechselnde Feinddruck spielt sicher eine gewisse Rolle

beim Auf und Ab der Lemmingpopulation. Aber dahinter muss sich noch mehr verbergen, denn eine Reihe von Fragen bleibt offen:

Warum gibt es beim Abschwung der Lemmingpopulation so viele kranke und schwache Tiere? Warum ertrinken sie plötzlich in Massen? Müssten die Überlebenden, die ihren Feinden entkommen sind, nicht besonders kräftig und gesund sein? Und noch unerklärlicher: Warum haben die Überlebenden eine auffällig vergrößerte Bauchspeicheldrüse – dreimal so groß wie normal?

Der Biologe Tarald Seldal von der Universität Bergen glaubt, auf alle diese Fragen eine schlagende Antwort gefunden zu haben. Wir haben uns an seinem Arbeitsplatz verabredet, in der Feldstation der Universität Bergen. Schon der Weg dorthin ist ein Erlebnis. Die »Bergenbahn« zwischen Oslo und der Hansestadt Bergen klettert auf 1222 Meter Meereshöhe bis zum Gipfelbahnhof Finse. Die Station ist nicht sonderlich attrak-

Abb. 31: Die Hardangervidda in Norwegen ist eine abwechslungsreiche Hochebene mit Wasser-, Schnee- und Grasflächen – und Heimat der Lemminge.

tiv, auch nicht auf dem Webcam-Bild von Finse, das jede Viertelstunde aktualisiert wird – aus gutem Grund, wie wir noch sehen sollten. Aber Finse liegt in einer eigenwilligen Landschaft von herber Schönheit, im norwegischen Nationalpark Hardangervidda. Und bevor ich den ersten Lemming meines Lebens gesehen habe, weiß ich, dass sich der Weg dorthin lohnen würde (Abb. 31).

Die Hardangervidda ist eine raue, von Gletschern zerklüftete Hochebene. Eine endlose, grüne, beflügelnde Weite. Baumfrei, mit verschiedenen Gräsern und Moosen bewachsen. Dazwischen Felshöcker, verziert mit bunten Flechtenmustern. Sprudelnde Bäche und moorige Tümpel. Und immer wieder Schneeinseln mit abtauenden Tropfrändern. Das Sonnenlicht legt sich wie ein warmer, einladender Teppich über die Hochfläche, und beschwingt steigen wir vom Bahnhof Finse zu der etwas tiefer gelegenen Forschungsstation ab.

Tarald Seldal empfängt uns herzlich, aber dann versetzt er unserer Hochstimmung ein paar kräftige Dämpfer. Es gäbe weit weniger Lemminge als erwartet, wir hätten ein ungewöhnlich schwaches Lemmingjahr erwischt. Und außerdem sei schlechtes Wetter angesagt; mehr als ein bis zwei Tage würden uns nicht bleiben für die Filmaufnahmen. Dann könne es sehr ungemütlich werden.

Wenige Lemminge und wenig Zeit – schon eine Stunde später sind wir mit Tarald im Gelände. Er will uns in ein Gebiet führen, wo er gestern noch zwei Lemminge gefangen habe. Zwei Lemminge – aha. Sollten es nicht Tausende sein? Wir überqueren die Bahngleise, und hier gibt es tatsächlich mehr. Zu Dutzenden liegen sie herum – flach gepresst und vertrocknet. Das sei typisch, erklärt Tarald. Lemminge seien überaus mutig und angstfrei, vor allem die Männchen; sie nähmen es auch mit größeren Gegnern auf. Sie postieren sich auf den Schienen und versuchen, die heranstürmende Lokomotive fauchend abzuschrecken. Der Misserfolg macht sie platt.

Unterwegs, während wir atemlos versuchen, mit ihm Schritt zu halten, erläutert Tarald ausführlich seine Lemminghypothese. Danach sind es weniger die Eulen oder Füchse, die den Lemmingen zusetzen, sondern vielmehr die Gräser, die nach zu starker Beweidung verdauungshemmende Substanzen erzeugen. Wie die Savannenbäume in Afrika würden sich auch Ried- und Wollgras bei Überweidung zur Wehr setzen. Sie produzierten sogenannte Trypsinhemmer, er könne uns das noch genauer...

Ganz in der Nähe hat es gepfiffen, und jetzt flitzt ein schwarz-braunes Fellknäuel durchs Gras und verschwindet zwischen einer Gruppe von Steinen. Weg ist es. Mein erster Lemming. Viel habe ich nicht gesehen. Und wie wollen wir Taralds Szenario ins Bild setzen, dass die Lemminge ihre Futterpflanzen nicht mehr verdauen können? Dass sie deshalb ausschwärmen, um neue Nahrungsgründe zu finden? Dass sie dabei Seen und Wasserläufe durchschwimmen – oder auch nicht, wenn die Kräfte vorzeitig schwinden? Einmal mehr denke ich, um wie viel einfacher es ist, etwas zu beschreiben, als es zu filmen. Das Formulieren geschieht im Kopf, es ist schon verarbeitete Wirklichkeit mit eingeschmolzenen Vorstellungen und Interpretationen. Da fließt Vergangenes und Erwartetes mit ein, da kann man den Fokus auf dieses oder jenes Detail legen, den Aspekt betonen, der einem wichtig erscheint. Verglichen damit ist Filmen eine andere Wahrheit. Es zählt nur, was hier und jetzt passiert, und zwar genau vor der Kamera, im richtigen Schärfebereich. Lemminge, so viel scheint sicher, eignen sich besser für einen Artikel als für einen Film. Aber eben darin liegt auch die reizvolle Herausforderung des Naturfilms. Vor Augen zu führen, was sonst nur die Vorstellung leistet. Äußere Bilder statt innerer Bilder. Hinzu kommt, dass sich auch die Filmwirklichkeit kräftig »gestalten« lässt. Mittels Teleobjektiven zum Beispiel, die das beste Fernglas übertreffen. Auf einen Wink des Kameramanns hin schaue ich durch den Sucher und sehe bildfüllend, was ich mit bloßem Auge noch nicht mal entdeckt habe: einen goldbraunen Lemming, wie er an einem Riedgrasstängel knabbert. Putzig und niedlich wie eine Mischung aus Meerschweinchen und Hamster. Später werden wir noch Schmatz- und Fresslaute darunterlegen – so deutlich, als hätte der Lemming ein Mikrofon umhängen. Auch die Filmwirklichkeit hat ihre Vorzüge.

In Taralds Lemmingrevier piepst und pfeift es von überall her. Aber es braucht Stunden, bis wir ein Tierchen in der Nähe eines Minitümpels vor die Kamera bekommen (Abb. 32). Und jetzt haben wir richtig Glück: Unruhig läuft es mal hierhin, mal dorthin, als könne es sich nicht entscheiden. Plötzlich hält es am Wasser inne. Der Lemming beugt sich hinunter, als wolle er sein Spiegelbild betrachten. Er zögert, dann gibt er sich einen Ruck und ist im Wasser. »Er schwimmt, schööön«, höre ich Karlheinz, den Kameramann, flüstern. Und so ist es auch: Das Kerlchen hält den Kopf über Wasser und legt ein überraschendes Tempo vor. Die Bugwelle zieht sich glitzernd über die spiegelglatte Oberfläche, und unser Schwimmer erreicht wohlbehalten das andere Ufer. Dort taucht er ab ins grüne Gras. Keine Frage, Lemminge lassen sich von Wasser nicht aufhalten, wenn auf der anderen Seite Futter lockt.

Abends in der Station berichtet uns Tarald genauer von der unendlichen Fehde zwischen Gräsern und Lemmingen. Schon dreißig Stunden nach einer Verletzung hätten sich die Pflanzen vollgepumpt mit einem speziellen Gift, das die Verdauung blockiere. Normalerweise werde es wieder abgebaut, aber unter der Dauerattacke in einem Lemmingjahr bleibe der Giftpegel auf Höchstniveau. Den Lemmingen schmeckt das überhaupt nicht, und sie machen sich auf die Suche nach besserem Gras. Laufend, schwimmend, einzeln oder in Gruppen. Aber früher oder später bleibt nur noch Giftgras – und das Ende.

Und woher die vergrößerte Bauchspeicheldrüse, will ich wissen. Jetzt ist Tarald in seinem Element. Das Pflanzengift

Abb. 32 Lemminge fressen Gras und vermehren sich rasant, so viel steht fest. Doch was hat es auf sich mit ihrem angeblichen »Zug in den Tod«?

sei ein Trypsinhemmer; es schalte ein Enzymgemisch namens Trypsin aus, das – von der Bauchspeicheldrüse abgesondert – unentbehrlich für die Verdauung von Eiweiß sei. Die Wirkungslosigkeit des Trypsins habe zur Folge, dass die Bauchspeicheldrüse mehr und mehr davon produziere. Natürlich ohne Erfolg. Aber die überforderte Drüse wachse bis auf das Dreifache an.

Die Gräser auf der Hardangervidda antworten mit einer effektiven Giftverteidigung, wenn die Schädlinge überhandnehmen. Aber Vorsicht! Wie uns schon die Schilfpflanzen vorgeführt haben, sollten die Verteidigungsmaßnahmen nicht zur Gewohnheit werden, sonst würden die Schädlinge über kurz oder lang ein Gegenmittel entwickeln. Es kommt auf den Überraschungseffekt an. Und so fahren die Gräser ein bis zwei Jahre nach der Lemmingschwemme ihre Giftproduktion wieder herunter und werden harmlos. Zusätzlicher Nutzen: Die eingesparten Ressourcen können für Wachstum und Vermehrung eingesetzt werden.

Tarald Seldals Lösung des Lemmingrätsels ist überzeugend, auch wenn – unglücklicherweise – die Produktion von Trypsinhemmern in Pflanzen und ihre Wirkung in Lemmingmägen schwer zu filmen ist. Aber es wäre schon etwas gewonnen,

Abb. 33: Wilde Lemminge greifen mutig an. Aber wenn sie einfühlsam beruhigt werden, kooperieren sie – selbst als Hauptdarsteller im Film.

wenn wir mehrere Lemminge gemeinsam im Bild hätten – wie sie auf der Suche nach gesundem Grün durchs Gras streifen. Von Massenvorkommen zu reden und dann nur Einzeltiere zu zeigen, das wäre irgendwie ein Armutszeugnis. Wenigstens eine kleine Masse, sage ich mir, und früh am nächsten Morgen ziehen wir los – Filmteam und unerschrockene Helfer, mit Einkaufsbeuteln und Handschuhen bestückt. Eine Empfehlung von Tarald.

Unser Blick hat sich geschärft, unser Suchbild verfeinert. Sie sind nur für Augenblicke zu sehen, dann huschen sie in Felshöhlen oder verstecken sich zwischen Steinen. Aber jetzt nutzen wir die Tapferkeit der Lemminge, die sich mutig in den Kampf werfen, wenn wir uns ihrem Schlupfloch nähern und versuchen, sie zu greifen. Unsere Wollhandschuhe halten ihre Bisse ab, und wenn sie erst mal von den Händen umschlossen sind, werden sie ruhig und beinahe anschmiegsam (Abb. 33). Nach ein paar Stunden haben wir sieben Lemminge in unseren Einkaufstaschen und hoffen, dass sie ihren Auftritt vor der Kamera nicht vermasseln. Wir lassen sie auf Kommando zwischen zwei Felsen frei, wo ihnen nur eine Richtung offen steht. Und dort, am Ausgang des Minicanyons, hat Karlheinz seine Kamera postiert. In Augenhöhe der Lemminge.

Ohne Hast kommen sie näher und huschen an der Linse vorbei. Auf der Suche nach giftfreiem Futter. Was sonst? Wir fangen die ersten ab und setzen sie – außerhalb des Bildes – erneut in die Schlucht, wo sie rasch wieder zu den anderen aufschließen. So haben wir am Ende einen ansehnlichen Lemmingpulk erst mit den Händen, dann mit der Kamera eingefangen. Eine durchaus glaubwürdige »Dokumentation«, versichert uns Tarald – und fügt augenzwinkernd hinzu, Disney hätte von uns etwas lernen können.

Doch die Diskussion darüber, ob unsere Manipulation noch als legale oder schon illegale Mogelei einzustufen sei, entfällt. Ein scharfer, frischer Wind hat eingesetzt und einen bedrohlichen Schleier vor die Sonne geschoben. Tarald mahnt zur Eile. Die Hardangervidda ist berühmt für ihre blitzschnellen Wetterumschwünge und Temperaturstürze. Nicht von ungefähr haben sich Scott und Amundsen hier fit gemacht für ihre Polarexpeditionen, und immer wieder werden leichtsinnige Touristen Opfer von Kälteeinbrüchen. Aber jetzt reicht es »nur« für einen schneidend kalten Dauerregen, der waagerecht gegen unsere Körper anrennt, während wir auf die »Bergenbahn« Richtung Oslo warten.

Auf der Hardangervidda scheinen nicht nur Gräser und Nager, sondern auch die Wetterlagen gegeneinander dramatisch um die Vorherrschaft zu kämpfen. Mit rasch wechselndem Erfolg. Die Webcam von Finse kann es bezeugen (www.bt.no/kamera/article147.ece).

Gift und Gegengift

Pflanzen sind versierte Giftmischer – und kostenbewusste dazu: Um den Aufwand in Grenzen zu halten, reagieren viele erst dann giftig, wenn sie allzu bissig attackiert werden. Lemminge und Kudus bekommen das zu spüren – und unzählige Insekten. Dabei ist Biss nicht gleich Biss. Pflanzen nehmen sehr wohl wahr, wer an ihnen herumknabbert, und stellen ihre Giftproduktion darauf ein. Das ist eine der sensationellen Entdeckungen der letzten Jahre, die unser Bild der Pflanzen revolutioniert haben. Sie erkennen ihre Angreifer. Manche unterscheiden sogar penibel zwischen verschiedenen Raupenarten (die für mich alle gleich aussehen), um ihr Leben zu retten. Davon gleich mehr. Zunächst zu einem grundsätzlichen Problem, das jeder Gifteinsatz mit sich bringt.

Kein Gift ohne Gegengift. Irgendwann findet sich immer jemand, der es neutralisieren oder zerlegen, auf jeden Fall unschädlich machen kann. Und wer so die Giftabwehr unterläuft, kann in aller Ruhe, ungestört von Konkurrenten, zuschlagen und sich den Magen füllen. Dann war die teure Giftabwehr auch noch vergeblich.

Da gibt es zum Beispiel das Jakobskreuzkraut, das auf unseren Kuhwiesen sofort ins Auge sticht, weil es mit appetitlich gelben Blüten das Gras überragt. Aber kein Kuhmaul vergreift sich an den Blumensträußen. Jeder Grashalm in unmittelbarer Nähe wird noch abgeweidet, aber das Kreuzkraut selbst ist tabu. Die Tiere scheinen zu wissen, dass es ihnen bitter aufstoßen würde. Die Blätter enthalten hochgiftige Alkaloide; schon hundertvierzig Gramm sind tödlich für Rinder oder Pferde. Eine ständige Gefahr für Weidetiere – und umgekehrt: ein idealer Schutz für die Pflanze. So scheint es auf den ersten Blick. Doch beim genaueren Hinsehen entpuppt sich das Jakobskreuzkraut als gefundenes Fressen – für schwarz-gold geringelte Raupen (Abb. 34). Kaum eine Pflanze, auf der nicht

Abb. 34 a: Das Jakobskreuzkraut auf unseren Wiesen produziert giftige Alkaloide. Die geringelte Raupe kümmert es nicht – sie hat ein Gegengift entwickelt.

mehrere von diesen Jakobskrautbärraupen herumkriechen, und die Blätter sehen entsprechend angefressen aus.

Was für Wiederkäuer tödlich ist, kann diesen Raupen nichts anhaben. Sie sind immun gegen das Gift. Mehr noch: Sie ha-

Abb. 34 b: Selbst als Schmetterling profitiert der Jakobskrautbär noch von dem giftigen Kraut. Das Gift schützt ihn selbst und sein Eigelege.

ben Appetit auf das Gift. Es bekommt ihnen, und es ist bestens geeignet, ihr Leben zu verlängern. Ein Testversuch als Beweis: Wir sammeln ein halbes Dutzend der Jakobskrautbärraupen ein und bieten sie zahmen Nachtigallen als Vogelfutter an. Sie warten nicht lange, die erste stürzt sich auf den vermeintlichen Leckerbissen, aber im Bruchteil einer Sekunde lässt sie ihn wieder los, schüttelt wie angewidert den Kopf – und rührt nie wieder eine schwarz-gold geringelte Raupe an. Das Gift des Kreuzkrauts hilft auch dem Feind. Dumm gelaufen für die Pflanze – auch Tiere entwickeln Strategien und Gegenstrategien. Was könnte das Kreuzkraut unternehmen, um die Jakobsbären in die Schranken zu weisen? Was würden wir an seiner Stelle tun? Es ist nicht einfach, sich hier einen Ausweg vorzustellen, aber Pflanzen haben ihn tatsächlich gefunden. Sie haben eine Gegen-Gegenstrategie entwickelt und ihrer Verteidigung eine völlig neue und überraschende Dimension hinzugefügt: Sie setzen auf Bündnispartner.

KAPITEL 5

Verbündete: Hilferufe in der Wüste

Eine Forschungsoase in Utah

Ich liege unten im Etagenbett und brauche ein paar Sekunden, um mir klar zu werden, wo ich bin. Durch die Türritze quillt bereits Sonnenlicht. Über mir dreht sich Brian nochmals quietschend auf die andere Seite. Und da ist dieses laute, bedrohliche Summen, das mir unwillkürlich eine Gänsehaut macht. Eine riesige Wespe hat sich in unseren Raum verflogen, und jetzt irrt sie an den Wänden entlang – und an den Regalbrettern, auf denen sich meterweise *National-Geographic*-Hefte aneinanderreihen. Nicht nur zehn oder zwanzig Jahrgänge, hier steht eine komplette Sammlung des Magazins seit dem Jahr 1901. Die Wespe fühlt sich offenbar von den gelben Heftrücken angezogen; sie schwirrt gerade vor den Jahrgängen aus der Zeit des Zweiten Weltkriegs, kann sich aber nicht zu einer Landung entschließen. Jetzt geht sie dazu über, meine Socken über der Stuhllehne zu inspizieren. Richtig gemütlich ist das nicht mehr; ich stehe auf und wanke schlaftrunken zur Tür. Schmeiß das blöde Tier doch endlich raus, höre ich Timo, unseren Kameraassistenten, brummeln, der sich im Nachbarbett die Decke über die Ohren gezogen hat.

Frische Luft und helles Licht strömen in unsere Bude, als ich die Tür aufstoße – und dröhnend an meinem Ohr vorbei schießt die Wespe nach draußen ins Freie. Jetzt bin ich wach.

Die Luft ist bestechend klar, die Farben scheinen fast zu intensiv, die Kontraste überdeutlich – als hätte es der Techniker bei der Video-Farbkorrektur zu gut gemeint. Schon während mir der Vergleich in den Sinn kommt, verwerfe ich ihn: Was für ein kleinliches Bild angesichts der weiten, großartigen Natur. Ich rufe mir ins Gedächtnis, dass ich in der Wüste bin, im Great Basin, dem Großen Becken im Westen der USA. Es liegt im Regenschatten der Sierra-Nevada-Gipfel, ist heiß und trocken. Und ohne Abfluss. Die Bäche und Flüsse, die von den Bergen kommen, versiegen hier. Sie münden in kleinen oder großen Seen wie dem Großen Salzsee in Utah, wo ihr Wasser in der extremen Sonnenhitze rasch verdunstet. Sanddünen gibt es nicht in dieser Wüste; es ist eine Felswüste, in der stachelige Yucca-Palmen das Landschaftsbild prägen. Auch einige Wacholderbäume und Kiefernarten. Dazwischen ein schütterer, vertrockneter Grasteppich (Abb. 35).

Jetzt allerdings ist von solchen Wüstenattributen nichts zu sehen. Vor unserem Schlafquartier stehen mächtige, grüne Bäume. In ihrem Schatten ein Farmhaus, Ställe und Wirtschaftsräume. Ein paar Schritte entfernt schließen sich Pfirsich- und Aprikosenplantagen an. Und ein langgestrecktes Feld, wo morgens Hasen knabbern und manchmal Hirsche stehen. Das fruchtbare Paradies zieht sich längs des River Wash als grünes Band durch die Wüste. Das Bächlein, das bei der Schneeschmelze zum reißenden Fluss anschwillt, speist den Uferstreifen, und hier in dieser blühenden Flussoase hat die mormonische Brigham Young University von Salt Lake City eine landwirtschaftliche Versuchsstation eingerichtet.

Heriberto grüßt freundlich herüber und pfeift seine beiden Hunde zurück, die gerade auf mich zustürmen wollen. Heriberto kommt aus Mexiko und ist eine wichtige Person. Er hält nicht nur die Station in Schuss, er vertritt hier auch die Universität und achtet streng darauf, dass die mormonischen Regeln eingehalten werden. Ein nackter Oberkörper etwa wird

Abb. 35: Das Great Basin in Utah, ein großes, wüstenartiges Becken, von Gebirgszügen umschlossen. Yucca-Palmen prägen die Landschaft.

nicht gern gesehen – wobei moralische Bedenken und nicht etwa das Hautkrebsrisiko im Vordergrund stehen. Absolut tabu ist Alkohol in jeglicher Form. Wenn Heriberto auf eine leere Bierdose stößt, droht Platzverweis.

Ein ungewöhnlicher Ort. Eine kleine Holztafel weist ihn als »Lytle Ranch« aus. Und Lytle Ranch hat sich vor einigen Jahren deutlich vergrößert. Zehn Meter hangaufwärts stehen ein paar aufgebockte Wohnwagen, ein Schuppen für Geräte und Chemikalien, ein anderer mit Kühlschränken, Mikroskopen und zwei Käfigen voll fetter Raupen. Die Elektrizität kommt von blau schimmernden Flächen aus Solarzellen, die auf Säulen montiert der Sonne nachgeführt werden. Keine Frage, hier wird Wissenschaft betrieben. Und das Zentrum der Forschung ist zweifellos ein langer Holztisch in der Gasse zwischen zwei Wohnwagen. Mit Bänken zu beiden Seiten wie im Bierzelt.

Das Ende der Gasse bildet eine Leine mit gewaschenen Jeans und T-Shirts. In einer guten Stunde werden sie trocken sein in diesem Klima. Und noch beeindruckender: Sie werden lange sauber bleiben. Weil der Schweiß fehlt. Trotz reichlich Trinkwasser – vier bis fünf Liter täglich sind Pflicht! – verdunstet der Schweiß, bevor er Tröpfchen bilden kann.

Am langen Tisch geht es angeregt und unübersichtlich zu. Kaffeebecher. Laptops. Stereolupen. Dazwischen Schreibblöcke und Petrischalen mit Insekteneiern. Diskutiert wird auf Deutsch oder auf Englisch, meistens beides durcheinander. Manche arbeiten an ihrer Doktorarbeit, andere an der nächsten Publikation, aber alle gehören sie zum Jenaer Max-Planck-Institut für chemische Ökologie. Professor Ian Baldwin hat Lytle Ranch zu einer exotischen Außenstelle für Feldforschung gemacht. In Absprache mit der Mormonen-Universität.

Abb. 36: Umschwärmter Autor. Die schwirrenden Kolibris fühlen sich in der Forschungsstation heimisch. Zuckerwasser hat sie zahm gemacht.

Ian Baldwin wirkt jungenhaft und ist von zupackender Wachheit. Wie ein Simultanspieler, der ein Dutzend Schachpartien gleichzeitig bestreitet, gibt er Anregungen, interpretiert Daten, trifft Entscheidungen. Locker und verbindlich im Ton. Die Arbeit unter freiem Himmel scheint von allen den Druck zu nehmen. Und wie ein Sinnbild für diese Leichtigkeit schweben immer wieder schillernde Kolibris in der Luft, ganz nah, als wollten sie lauschen, um dann plötzlich einen Haken zu schlagen und davonzuschießen. Sie wissen, dass es hier zuverlässig Zuckerwasser gibt – in den roten Spenderflaschen, die wie Laternen von den Wohnwagen baumeln (Abb. 36).

Ian Baldwin ist seit Langem einer der Großen der Pflanzenforschung. Schon 1982 hatte er als junger Nachwuchswissenschaftler einen Artikel geschrieben, der ihm reichlich Aufmerksamkeit und zugleich viele böse und bissige Kommentare einbrachte. Der Titel lautete »Talking Trees« – sprechende Bäume. Ein Unding in den Augen der meisten Kollegen. Bäumen so etwas wie Sprache zu unterstellen hielten sie für unseriös und unwissenschaftlich. Wir werden noch sehen, was daraus geworden ist, denn heute zweifelt niemand mehr daran, dass Bäume bestimmte Nachrichten austauschen können.

Ian ist Nichtraucher, doch hier im Great Basin hat er sich ganz dem Tabak verschrieben – dem Wilden Tabak *Nicotiana attenuata*.

Feuer für die Pioniere

Den Wilden Tabak hält sich Ian Baldwin zwar auch fast zehntausend Kilometer entfernt im Max-Planck-Institut in Jena. In großräumigen, klimatisierten Gewächshäusern. Aber »hier in der Natur läuft vieles anders ab«, erklärt Ian. Das Verhalten von Pflanzen in ihrem natürlichen ökologischen Umfeld sei viel verwickelter und facettenreicher. Im Great Basin gebe es

Abb. 37: Jahr für Jahr wird das Große Becken Schauplatz von Bränden. Für die Samen des Wilden Tabaks ist das Feuer Signal zum Keimen.

nicht nur verschiedene Wetterlagen, sondern auch verschiedene Feinde und Bestäuber. Sowie konkurrierende Nachbarpflanzen. Und Feuer. Das Feuer sei schließlich die Initialzündung für den Tabak.

Tatsächlich vergeht kein Jahr, in dem das Great Basin nicht von Buschbränden heimgesucht wird. Meistens sind es Blitzeinschläge, die im Juli und August die Feuer entfachen. Wochenlang ziehen dann schwarze Rauchfahnen in den Himmel, und zurück bleibt eine schwarze Aschelandschaft mit verkohlten Baumgerippen und niedergebrannten Joshua-Bäumen, einer speziellen Art von Yucca-Palmen. Die Pflanzen selbst haben das Feuer genährt, das zu ihrer Vernichtung führte (Abb. 37).

Und doch gibt es einige Pflanzen, die Nutznießer dieser Katastrophe sind und daraus Kapital schlagen. Denn jetzt nach dem Brand sind die Karten neu gemischt. Der Kampf um die besten Plätze ist wieder offen, und wer in der toten Aschelandschaft am schnellsten Wurzeln schlagen kann, hat alle Standortvorteile auf seiner Seite.

Das ist die Strategie des Wilden Tabaks. Er besiedelt als einer der Ersten die verkohlten Brandgebiete – und ist so der eingeäscherten Konkurrenz voraus. Eine »Pionierpflanze«, wie die Biologen sagen.

Die Tabaksamen haben Jahre, vielleicht Jahrzehnte oder gar Jahrhunderte im Boden geruht. Bis sie von dem Brand geweckt wurden. Oder genauer: bis sie den typischen Brandgeruch von Asche und verkohltem Holz wahrgenommen haben. Als Startsignal zum Keimen. Als Zeichen zum Aufbruch in ein abenteuerliches Pflanzenleben (Abb. 38).

Es ist wenig darüber bekannt, wie ein Tabaksamen seine Umgebung riechen und wie er den würzigen Duft von Rauch und Holzkohle wahrnehmen kann, aber dass der Brandgeruch als Auslöser dient, ist unumstritten. Das gilt sogar für die Aufzucht

Abb. 38: Verkohlte Vegetation. Dazwischen die ersten Pionierpflanzen. Und Wissenschaftler des Max-Planck-Instituts für chemische Ökologie.

im Gewächshaus. Auch hier bringt erst ein Sud aus Asche und verbrannten Holzstückchen die Tabaksamen zum Keimen. »Ein ziemlicher Schweinkram«, meint Danny Kessler, der die schwarze Brühe früher oft anrühren musste. Danny ist die rechte Hand von Ian Baldwin. Und er selbst hat ein Händchen für Pflanzen und Tiere. Er lockt Taranteln aus ihren Höhlen; er fängt behutsam Schmetterlinge, während sie Nektar saugen; er spielt mit Schlangen, obwohl sie klappern und eine Rassel haben – wohl wissend, dass sie nur vorgeben, giftige Klapperschlangen zu sein, und die Geräusche mit dem Mund erzeugen. Danny lebt auf eine so sichere und selbstverständliche Weise mit der Tier- und Pflanzenwelt, dass man fast glauben möchte, er habe dort nur gute Bekannte, Kumpels und Vertraute. Selbst Heribertos wilde Hunde begleiten ihn, unternehmungslustig bellend, wenn er zu seinem Lauftraining startet. Danny läuft Marathon, war Skispringer, spielt in einer Rockband, ist ambitionierter Fotograf und Filmer. Seine Interessen scheinen so zahlreich zu sein wie die Rastalocken seiner Frisur.

Jetzt hält er uns eine Gewürzflasche mit der Aufschrift »Liquid Smoke« unter die Nase. Eine typische Grillsoße, die angenehm nach Holzkohlefeuer riecht: »Die tut es auch.« Die Soße wirke auf Tabaksamen genauso animierend wie der umständliche und schmutzige Ascheaufguss. Die Samen lassen sich an der Nase herumführen: Wenn es nach Feuer riecht, starten sie den Keimvorgang – auch wenn der Geruch aus dem Supermarkt stammt.

Trotzdem, ein anständiger Buschbrand würde dramatischer wirken für unseren Film – da bin ich mir mit Brian einig. Die bizarren Äste der Joshua-Bäume. Mit den Blattbüscheln am Ende und den bleistiftlangen Dornen. Das Ganze als Silhouette vor rot lodernden Flammen …

Vor ein paar Jahren hätte er uns das bieten können, meint Danny, aber dann wird er nachdenklich: »Es war schon sehr knapp damals. Vielleicht ganz gut, dass ihr nicht da wart.«

Damals begann es als interessantes Schauspiel. Tagsüber ein paar Rauchwolken am Horizont. Nachts der zugehörige Feuerschein. Alles in weiter Ferne. Hübsch und harmlos. Und am anderen Morgen war die Feuerfront am Hang gegenüber. Als ob die Flammen geflogen wären. Die Luft eingetrübt mit beißendem Rauch. Keine Chance, die Station zu retten. Schnell Geld, Papiere und Laptops zusammengepackt, dazu die wertvollsten Messgeräte – und ab in die Geländewagen. Nur Heriberto fehlt. Er ist nicht aufzutreiben, vielleicht ist er schon geflüchtet – hoffentlich. Vierzig Minuten ist es bis zur Asphaltstraße nach Las Vegas. Vierzig Minuten durch die brennende Wüste. Über Sand- und Schotterwege. Zu sehen ist nichts. Rauch. Nichts als undurchdringlicher Rauch, durch den Äste und Ascheteilchen schießen. Angetrieben von den Böen des Feuersturms. Führt die Fahrt direkt in die Flammen? Was ist, wenn der vordere Wagen stoppt? Nicht weiterkommt? Ein Aufprall wäre unvermeidlich. Die Joshua-Bäume zu beiden Seiten brennen. Ihre Blattbüschel explodieren zischend in den Flammen, prallen als brennende Geschosse gegen die Windschutzscheibe. Hoffentlich halten die Wagen durch. Hoffentlich schaffen wir es.

Danny atmet tief durch. Selbst im Rückblick macht ihm der Feuersturm noch zu schaffen. Und Heriberto? Heriberto war mit den Hunden am Fluss gewesen, als das Feuer kam. Und hat überlebt. Wie durch ein Wunder sind die Flammen einfach vorbeigezogen.

Der starke Tobak

»Heiße Kiste, die sollten wir uns bis zum Schluss aufheben.« Timos flapsige Bemerkung bringt uns zurück zu unserem aktuellen Vorhaben, das uns hierher in die Station geführt hat. Wir wollen den dramatischen Kampf des Wilden Tabaks filmen. Wie er in mehreren Runden gegen verschiedene Feinde antritt. Wie er einen nach dem anderen aus dem Feld schlägt. Und wie es am Ende doch noch zu einem großen Showdown gegen eine furchterregende Monsterraupe kommt.

Sie ist unverwundbar und stark – so stark, dass der Tabak es nicht mehr alleine schafft. Er ruft um Hilfe und setzt auf Bündnispartner. Ein Superdrehbuch, von der Natur geschrieben: Grüne Pioniere wehren sich gegen finstere Feinde vor grandioser Kulisse. Doch das Drehbuch ist keineswegs leicht zu lesen. Seit Jahren erforschen die Wissenschaftler um Ian Baldwin die Auftritte des Wilden Tabak, seine Pionierleistungen und seine flexible, finessenreiche Verteidigungsstrategie.

Und wir wollen das Drehbuch tatsächlich »im Vorübergehen« verfilmen, wie einer der Wissenschaftler anmerkt? Und er hat recht: Gerade mal zehn Tage genehmigen wir uns, um den Wilden Tabak und den Kampf seines Lebens zu dokumentieren. Das ist natürlich ziemlich vermessen, aber mehr gibt das Budget nicht her – und ohne Danny hätten wir auch keine Chance. Wir hoffen und bauen auf seine Dramaturgie: dass er die Helden und ihre Gegenspieler im Griff hat und uns zu den Plätzen führt, wo sie ihre Kräfte messen. Möglichst in optimaler Kameraperspektive.

Auch er könne nicht zaubern, meint Danny einschränkend, und außerdem müsse er seine Veröffentlichung über den Nektar der Tabakblüten noch fertigstellen. Aber am nächsten Morgen sind wir mit ihm draußen in den Wüstenbergen. Eine knappe Stunde von der Station entfernt. Die Luft ist noch kalt; die ersten Sonnenstrahlen blenden, ohne zu wärmen. Sie treffen auf eine fremdartige Szenerie aus schwarzen Baumgerippen und verkohlten Sträuchern. Starr und steinern ragen sie gegen den blassblauen Himmel, als wären sie aus Granit gehauen. Morbide und erhaben zugleich.

Mein Blick bleibt an einem verrußten Kühlschrank hängen, der zu Füßen eines Wacholderstrunks liegt. Daneben ein zusammengeschmolzenes Fernsehgerät mit zerborstener Bildröhre. Danny klärt mich auf, das sei so eine Art Volkssport hier; am Wochenende fahre man mit altem Hausrat ins Gelände und ballere drauf. Mit irgendwelchen Waffen. Hauptsache es knallt und scheppert.

Und dabei ist der Brand entstanden?

Nein, das seien zwei Camper gewesen, die sich an einem Feuer wärmen wollten. Später, als das Feuer außer Kontrolle geriet, wurde es ihnen zu heiß, und sie sind geflohen.

Der Brand, vor dessen Resten wir stehen, ist vor einem Jahr ausgebrochen. Und es ist nicht zu übersehen, dass die Tabaksamen die Gunst der Stunde genutzt und ihren Lebenslauf begonnen haben. Überall schauen kleine Blattrosetten aus dem Boden. Wie grüne Sterne liegen sie auf dem sandigen Untergrund, der aber immer noch Aschespuren trägt. Einige haben bereits Stängel oder gar Blüten angesetzt und sind zu respektablen Tabakpflanzen herangewachsen. Dreißig bis vierzig Zentimeter hoch.

Aber sie haben es nicht leicht. Inmitten der niedergebrannten Vegetation ist ihr leuchtendes Grün unübersehbar und verspricht saftige Kost. Für fliegende, krabbelnde oder kriechende Insekten. Sie alle stürzen sich in die Tabakernte.

Ein großer Heuhüpfer mit Rundum-Glupschaugen säbelt Stück für Stück von einem Tabakblatt. Es dauert keine Minute, dann hat er es mit Stiel und Stumpf verschlungen, und das nächste Blatt ist an der Reihe. Nicht einmal das große Makroobjektiv kann ihn stören. Noch ehe die Kamera sauber eingerichtet ist, hat er sich abgewendet und ein weiteres Blatt ins Visier genommen. Brians Kraftausdrücke scheint er mit gesteigerter Fresswut zu beantworten.

Fast könnte man Mitleid mit dem zarten Tabak bekommen. Kaum hat er das Licht der Welt erblickt, droht er wieder in dunklen Insektenmägen zu verschwinden. Eine grasgrüne Eulenfalterraupe lässt es zwar langsamer angehen, aber auch sie

Abb. 39: Als erste grüne Pflanze nach dem vernichtenden Feuer ist der Wilde Tabak begehrte Nahrung für Heuschrecken, Raupen oder Blüten-grillen.

nagt ungestört den Blattrand an und hinterlässt hässliche, halbmondförmige Kerben in dem saftigen Gewebe. Der Tabak verliert zunehmend an Substanz, und das Urteil kann nur ein-stimmig ausfallen: Diese erste Runde geht klar an die Insekten. Sie gewinnen nach Punkten, und die Pflanze muss sich etwas einfallen lassen, wenn sie in der nächsten Runde nicht völlig untergehen will (Abb. 39).

Doch unsichtbar und unbemerkt hat der Wilde Tabak die Gegenwehr eingeleitet. Er holt bereits zum Gegenschlag aus – was bei Pflanzen nicht ganz so schlagartig geht. Schon der erste Heuschreckenbiss hat Hunderte von Blattzellen verletzt und eine Schlüsselsubstanz der Pflanzenabwehr freigesetzt: Jas-monsäure. Die Substanz dient als Wundhormon – als Signal-stoff, der die gesamte Pflanze alarmieren und über die Verlet-zung benachrichtigen soll. Schon nach fünf bis zehn Minuten hat sich das Wundhormon überall im angebissenen Blatt ver-teilt. Nach dreißig Minuten durchströmt es bereits die übrigen Blätter. Und – besonders wichtig – es wandert stängelabwärts durch die Leitungsbahnen in die Wurzeln. Das Eintreffen der Jasmonsäure wird dort als Signal verstanden – als Aufruf, den

142

Zellbetrieb umzustellen: Bereits nach einer Stunde produzieren die Wurzelzellen jenen Stoff, der den Tabak berühmt gemacht hat: Nikotin.

»Wir vergessen gerne«, erläutert Ian Baldwin, »dass Nikotin ein starkes Nervengift ist, das zu Muskel- und Atemlähmungen führt, wenn man es einnimmt. Schon weniger als ein Zehntelgramm ist für uns tödlich. Und nur die Leistungsfähigkeit unserer Leber sorgt dafür, dass wir uns beim Rauchen nicht vergiften.«

Nikotin kann sogar über die Haut aufgenommen werden, und manche Wissenschaftler, die besonders sensibel reagieren, ziehen Handschuhe an, wenn sie mit den Blättern des Wilden Tabaks hantieren. Untersuchungen in Jena ergaben, dass ein einziges Blatt so viel Nikotin wie acht bis zehn Zigaretten enthält. Eine tödliche Menge, selbst für uns, wenn wir sie essen müssten.

Bereits wenige Stunden nach der ersten Heuschrecken- oder Raupenattacke werden die Blätter mit Nikotin aus den Wurzeln beschickt. Und verseucht. Der Wilde Tabak schwingt die Giftkeule derart kräftig, dass die Gegner den Schlag nicht überleben würden. Und so sind sie auf der Hut. Sie schmecken das Nikotin, und es muss scheußlich schmecken – denn bei den ersten Anzeichen hören sie auf zu fressen und verlassen die Tabakpflanze. Selbst für Hasen sind die Blätter jetzt zu starker Tobak. Sie lassen die Zähne davon. Oder aber – auch das hat Ian Baldwin schon beobachtet – sie beißen als Erstes den Stängel durch, damit der Nikotintransport in die Blätter erst gar nicht stattfinden kann. Clevere Hasen. Doch das sind Einzelfälle.

Die zweite Runde geht klar an den Tabak. Die Gegner rühren kein Blatt mehr an. Sieger nach Punkten: *Nicotiana attenuata*.

Bis hierher ist die Geschichte zugegebenermaßen nicht sonderlich neu: ein weiteres Beispiel für die Giftantwort einer Pflanze. Zudem ist der Einsatz von Tabaknikotin ein uraltes Hausmittel gegen Insekten und Ungeziefer. Das wusste

Eines nur erzeugt Bedenken.
Schrupp entwickelt letzterzeit
Mit dem Hinterfuße eine
Merkliche Geschäftigkeit.

In ein Fass voll Tobakslauge
Tunkt man ihn mit Haut und Haar,
Ob er gleich sich heftig sträubte
Und durchaus dagegen war.

Drauf so wird in einem Stalle
Er mit Vorsicht interniert,
Bis, was man zu tadeln findet,
So allmählich sich verliert.

Abb. 40: Mit Tobakslauge gegen Ungeziefer, aus Wilhelm
Busch: »Pater Filucius«

144

schon Wilhelm Busch, als er über die Machenschaften von Pater Filucius berichtete, und wir dürfen uns seine historische Gebrauchsanweisung gegen Hundeflöhe nicht entgehen lassen (Abb. 40).

Manduca – die Monsterraupe

Nikotineinsatz im Waschzuber und in der Wüste. In beiden Biotopen ein Erfolg. Doch in Utah steht die entscheidende dritte Runde noch bevor. Und hier hat die Natur, wie es sich für ein gutes Drehbuch gehört, einen dramaturgischen Plot Point eingeführt – einen überraschenden Wendepunkt, der die Geschichte mit neuer Spannung versieht.

Die Wende kommt mit dem nächsten Gegner. Er macht die Stärke des Tabaks zur Schwäche: Er ist immun gegen das Nikotin, und damit scheinen alle Trümpfe bei ihm zu liegen. Noch hält sich der neue Gegenspieler im Untergrund auf, wo er sich wochenlang vorbereitet und in Form gebracht hat für seinen Auftritt. Und noch steckt er in einer spindelförmigen, goldbraun glänzenden Hülle, die ihn gegen die Außenwelt schützt. Die Wand ist fest, aber nicht starr. Ähnlich wie eine Ritterrüstung ist sie aus mehreren Ringen aufgebaut, die sich gegeneinander bewegen lassen. Und jetzt bewegen sie sich verstärkt, denn der Eingeschlossene schickt sich an, aus seiner Rüstung zu steigen: Der Tabakschwärmer zwängt sich aus seiner Puppenhülle.

Mit allen sechs Beinen kämpft er sich durch das Erdreich nach oben. Ein stattlicher Nachtfalter. Mit großen Augen und Antennen. Sein Körper ist behaart, sein Hinterleib warnend gestreift. Jetzt testet er sein empfindlichstes Organ: Er rollt prüfend seinen langen Rüssel aus, streckt ihn zu voller Länge – immerhin zehn bis zwölf Zentimeter. Dann lässt er ihn wieder zurückschnappen und zusammengerollt unter dem

Kopf verschwinden. Alles in Ordnung. Nur die Flügel scheinen zu kurz geraten: Sie hängen als Stummelchen zu beiden Seiten herunter – anders hätten sie in der Puppenrüstung auch keinen Platz gefunden. Aber dieser Schönheitsfehler, den alle Schmetterlinge am Anfang ihres Lebens haben, lässt sich in der nächsten Stunde beheben.

Der Tabakschwärmer – oder *Manduca*, wie sein klangvoller biologischer Name lautet – erklettert den nächstbesten Ast in seiner Umgebung, hängt sich an die Unterseite und pumpt Lymphflüssigkeit in das Adergerippe seiner Flügel. Bis sie ganz entfaltet und straff gespannt sind. Fehlt nur noch die richtige Betriebstemperatur. *Manduca* schwirrt und zittert sich warm, auf über 37 Grad Celsius – und profitiert dabei von der isolierenden Körperbehaarung. Dann hebt der Schwärmer ab. Bereit für eine Begegnung mit dem Wilden Tabak (Abb. 41).

So viel zum ersten Auftritt des Tabakschwärmers – eine schöne, nächtliche Szene mit einem Hauptdarsteller, der schon äußerlich etwas hermacht. Ganz zu schweigen von seinem Einsatz, wenn er sich kraftvoll aus dem Boden wühlt oder seine Flügel in Form bringt. Es gibt da allerdings ein Problem, ein beinahe hoffnungsloses Problem, wenn man versucht, das Drehbuch der Natur in Filmszenen umzusetzen. Dann müsste man nämlich wissen, wo auf den Zentimeter genau in der Wüste des Great Basin eine Tabakschwärmerpuppe im Boden liegt. Und wann der Falter zu schlüpfen gedenkt. Unmöglich. Zudem geschieht es meistens in der Nacht und innerhalb weniger Minuten. Ich bezweifle, dass jemals jemand beobachtet hat, wie eine frisch geschlüpfte *Manduca* aus dem Wüstenboden kommt. Und dann gibt es Leute, die das nicht nur beobachten, sondern auch noch filmen wollen. Innerhalb von zehn Tagen. Genauso gut könnte man sich an der Autobahn aufbauen und auf einen Unfall warten …

Natürlich haben wir das Problem vorher durchgesprochen, haben uns überlegt, wie wir das Ereignis möglichst naturnah

Abb. 41: Der Tabakschwärmer, der große Gegenspieler des Wilden Tabaks, hat sich aus dem Boden gearbeitet und bereitet sich zum Abflug vor – den Bauch voll Eier.

inszenieren könnten. Ian Baldwin hat aus seiner *Manduca*-Zucht in Jena eine Handvoll Puppen ausgesucht, die – ihrem Entwicklungsstadium nach – innerhalb der Drehzeit schlüpfen müssten. Wenn wir sie am richtigen Ort, kurz vor dem Schlüpfen, ein paar Zentimeter tief im Freien vergraben... das sollte eigentlich klappen. So könnten wir und die Kamera zu Augenzeugen werden.

Sollte, könnte, müsste – die Realität war, dass der US-amerikanische Zoll Ian gefilzt hat. Er wurde abgeführt und verhört. Alle seine Erklärungsbemühungen, dass es sich doch um einheimische, uramerikanische Tiere handle, fruchteten nicht. Die Einfuhr lebender Insekten sei bei Strafe verboten. Ian wurde zweihundertfünfzig Dollar los. Und sämtliche Puppen – sie würden selbstverständlich vernichtet werden.

Während Ian, ziemlich zerknirscht, uns diese Geschichte erzählt, sinkt meine Stimmung auf den Tiefpunkt. *Manducas* Erscheinen aus dem Untergrund hätte sich gut gemacht in unserem Film. Jetzt können wir es streichen.

»Vielleicht lässt sich was machen«, murmelt Danny, ohne von seinem Laptop aufzublicken. Er schreibt eine Mail an die North Carolina State University. Auch dort forscht man an Tabak und *Manduca*.

Ehrlich gesagt, ich hatte die Puppen-Story innerlich längst abgehakt, als drei Tage später eine Art Werbespot vor meinen Augen abläuft. Alles scheint so überhöht, so überperfekt und geschönt, wie es sich nur Werbefilmer ausdenken können: weite Wüste mit bizarren Yucca-Palmen. Darüber glasklar blauer Himmel. Ein schwarzer Punkt taucht am Horizont auf, zieht eine lange, weiße Staubfahne hinter sich her. Der Punkt entwickelt sich zum schwarzen Transporter. Und schon fährt er auf das Gelände der Station. An seiner Seite prangen drei große Buchstaben in Gold: UPS. Der Mann mit Kappe, natürlich auch mit den drei Buchstaben, ist ausgestiegen, händigt ein Päckchen aus, lässt es sich per Unterschrift bestäti-

Abb. 42: Wie in einer Rüstung stecken die Raupen in der Puppenhülle. Der »Henkel« ist die Rüsselscheide.

gen. Grüßt. Steigt ein. Fährt ab. Als würde er jeden Tag in die Wüste liefern oder in die Arktis oder an den Amazonas...

Das Schauspiel hat mich so in Bann geschlagen, dass ich jetzt erst realisiere: Es sind unsere Schmetterlingspuppen von der Ostküste. Danny ist der Größte. Zufrieden stellt er fest, dass alle die Reise wohlbehalten überstanden haben. In ein bis zwei Tagen wären sie wohl so weit (Abb. 42).

Alles Weitere scheint nur eine Sache der Planung zu sein. Am Hang hinter der Station bereiten wir die Szene vor: Timo lockert die Erde. Brian wählt den Standort für das Stativ. Der Hintergrund ist in Ordnung. *Manduca* kann schlüpfen.

Nur den richtigen Augenblick dürfen wir nicht verpassen.

Wenn die Puppen ruhen ...

Ich packe die Puppen auf den Stuhl vor dem Bett, lege die Taschenlampe bereit und stelle den Wecker. Jede Stunde will ich nachsehen, ob sich etwas tut. Natürlich werden auch Brian und Timo wachgeklingelt. Sie murren zu Recht. Ich schalte den Wecker ab, schrecke trotzdem jede Stunde hoch. Die einzigen, die gut geschlafen haben in dieser Nacht, waren wohl die Puppen. Entschieden zu gut, denn keine hat sich gerührt.

Die nächste Nacht das Gleiche. Ist irgendetwas faul mit der Lebendware von der Ostküste? Danny besieht sich die Kandidaten durch die Lupe – wie ein Uhrmacher eine falsch tickende Uhr. Ab und zu krümmen sie sich ruckartig, als ob sie sich erschrocken hätten. »Morgen sind sie dran – zumindest einige«, prophezeit Danny, aber mit letzter Sicherheit könne er es natürlich nicht vorhersagen.

Voller Optimismus und Energie beschließen wir, ein kleines Abenteuer aus dem Schlüpfereignis zu machen. Warum nicht wirklich in die Wüste fahren und unsere Puppen dort aufnehmen – mit großartigen Bergen als Hintergrundkulisse? Vielleicht mit stimmungsvoller Morgenröte? Wir packen Matratzen und Decken, füllen Kaffee in Thermoskannen, versorgen uns mit Keksen und Schokolade. Ian Baldwin ist nicht dabei; er musste für zwei Tage zu einem Vortrag nach London fliegen. Nach seiner Rückkehr wird er wiederum von einem besonderen »Puppen-Erlebnis« beim Zoll berichten können. Doch davon später.

Unser Lager ist aufgebaut. Die Kamera hat einen grandiosen Blick über die Felswüste. Gestaffelte Joshua-Bäume sorgen für Tiefe und vermitteln den Eindruck von Unendlichkeit – bis zu den blauen Hochgebirgsgipfeln am Horizont. Im Vordergrund ragt ein abgestorbener Ast aus dem Boden – unser Angebot für den Schwärmer, wenn er aus dem Boden kommt und sich nach einem Ruheplatz umsieht. Ideal, meint Danny, auf den wird er mit Sicherheit klettern. So geschieht es dann auch, aber ganz anders, als wir dachten.

Neben unseren Matratzen wächst saftig grünes Buschwerk. Mit großen, dicht gestaffelten Blättern und riesigen, weißen Blütenkelchen, die sich bei Eintritt der Dämmerung binnen weniger Minuten öffnen. Verwirrend, eine derartige Pracht! Wie eine Mini-Oase im trockenen Wüstenboden. Woher nimmt die Pflanze ihre Kraft und Feuchtigkeit? Danny klärt mich auf, dass es sich um *Datura*, eine Stechapfelart, handle. Ihre Reserven und ihre Feuchtigkeit habe sie unterirdisch in einer riesigen, rübenähnlichen Wurzel gespeichert.

Ohne es zu wollen und zu wissen, haben wir in dem *Datura*-Gebüsch ein Chaos angerichtet. Es ist schon beinahe dunkel, und plötzlich spüre ich, dass sich etwas an meinem Fuß zu schaffen macht. Eine Schlange? Eine Tarantel? Ein Skorpion? Ich zucke zusammen. Eine Schreckwelle durchfährt meinen Körper. Dann erkenne ich das bräunliche Flaumknäuel, das vergeblich versucht, meinen Turnschuh zu ersteigen. Es ist ein

Abb. 43a: Unser Filmset in der Nähe eines prächtigen *Datura*-Gebüschs. Das Stechapfelgewächs nährt sich aus einer Speicherwurzel.

Abb. 43 b: Das kleine Wachtelküken ist aus seinem Unterschlupf gekrochen und sucht in der kalten Wüstennacht nach Wärme.

junges, winziges Wachtelküken. Jetzt höre ich auch sein zartes Piepsen. Während es sich in meiner Hand beruhigt, entdecken wir weitere Wachtelchen, wie sie sich mehr kullernd als laufend über den Boden bewegen. Sie sind noch zu schwach, um sich auf den eigenen Füßen zu halten. Aber zielgerichtet steuern sie die nächste Wärmequelle an – und das sind unsere Füße. Offenbar ist in dem *Datura*-Gebüsch ein Wachtelnest versteckt, und die Vogeleltern haben es mit unserer Ankunft panikartig aufgegeben. »Aber jetzt sitzen sie sicher irgendwo in der Nähe«, weiß Danny, »hören ihre Jungen piepsen und kommen zurück.« Und so ist es – hoffentlich – auch gewesen. Jedenfalls kriechen die Küken in das schützende *Datura*-Dickicht zurück, während wir unter unsere Decken kriechen (Abb. 43).

Mit dem kristallklaren Sternenhimmel ist auch die Kälte aufgezogen. Ich habe die Arme unter dem Kopf verschränkt, mein Blick verliert sich in der unendlichen Weite der Himmelskuppel, und für einen Augenblick habe ich gegen das schwindeln machende Gefühl von Winzigkeit und Verlorenheit anzukämpfen. Doch dann nimmt mich das Chaos der Sterne gefangen – seit Menschengedenken eine Herausforderung, nach Ordnung, Bildern und Mustern zu suchen. Und hinter all dem vielleicht einen Sinn zu entdecken.

Noch ist das Wachtelerlebnis nicht aus unseren Köpfen. Zu anrührend war die Begegnung mit den Vogelkindern. Warum eigentlich? Warum sprechen wir auf manche Tiere besonders an? Finden sie niedlich oder schön? Ist es ein kulturelles Phänomen oder liegt es in unserer Natur? Mir kommt eine Beobachtung aus dem Baseler Zoo in den Sinn, wo Schimpansen einen jungen Spatz gefangen hatten. Das Schicksal des Vögelchens schien besiegelt. Jeder, selbst der Pfleger, hatte erwartet, dass es getötet und gefressen würde – Schimpansen sind schließlich keine reinen Vegetarier. Doch die Primaten reagierten unerwartet, eigentlich wie Menschen. Sie nahmen den Spatz behutsam in die hohlen Hände und bestaunten ihn, dann reichten sie ihn vorsichtig an den Nachbarn weiter, und der Letzte übergab das Vögelchen wie eine Kostbarkeit an den Pfleger.

Danny nimmt den Faden auf. Die schönsten Tiere, die er überhaupt kenne, seien Wüstenspringmäuse. Wenn sie dich mit ihren großen Augen und Ohren ansehen... und wie sie elegant auf den Hinterbeinen sitzen! Das sei unglaublich. Und manchmal auch gefährlich... aber das könne er später mal erzählen, nicht jetzt und nicht hier draußen.

Gefährliche Wüstenspringmäuse? Das sei ja ganz was Neues, haken die anderen ein und drängen so lange, bis Danny mit seiner Geschichte doch noch herausrückt – wie er beim Jogging eine dieser hübschen Springmäuse im Gras liegen sieht. Offensichtlich lebt sie noch. Er kauert sich nieder und hat schon die Hand nach ihr ausgestreckt, da entdeckt er die gut getarnte Klapperschlange – eine halbe Armlänge entfernt. Auch sie ist auf die Wüstenspringmaus aus. Und sie ist schneller als die schnellste Armbewegung. Was tun? Danny spürt den Schweiß an seinem Körper. Nur keine Panik – eine ruckartige Bewegung, und die Schlange schießt vor. Er weiß, dass er einen Biss nicht überleben würde. Aber er muss etwas tun…

Mit unendlicher Langsamkeit zieht er schließlich seine Hand zurück. Millimeter für Millimeter. Unsichtbar für Schlangenaugen, wie er hofft. Aber je länger es geht, umso länger dauert auch die Gefahr. Und die Angst. Und der rasende Puls. Und die stockende Atmung. Das Adrenalin im Körper verlangt nach explosiver Kraft, nach Aktion und Flucht, aber nichts davon ist erlaubt. Er muss jeden dieser Impulse unterdrücken – mit schier übermenschlicher Konzentration und Anstrengung.

Danny kann nicht mehr sagen, wie viel Zeit er für seinen Rückzug gebraucht hat. Aber dann rennt er los wie ein Wahnsinniger. Nach fünfzig, vielleicht hundert Metern wirft er sich ins Gras. Völlig erschöpft und erledigt. Und den Tränen nahe…

Keiner denkt mehr an Wüstenspringmäuse. Die Frage ist: Gibt es hier Klapperschlangen? Als Danny mit der Antwort zögert, wird uns klar, warum er sein Erlebnis nicht erzählen wollte. »Die greifen nicht an«, versucht er uns zu beruhigen, »es sei denn, sie erschrecken.« (Abb. 44)

Trotzdem ist die Vorstellung nicht angenehm, heute Nacht im Gelände zu agieren. Wir legen unsere Stirnlampen und Schuhe bereit. Danny hat dankenswerterweise die Puppen-Wache übernommen und will uns wecken, sobald sich das Schlüpfen andeutet. Ich höre gerade noch die zarten Piepslaute aus dem *Datura*-Gebüsch, dann sacke ich weg. Das Schlafdefizit der letzten Tage holt mich ein. Kein Traum. Weder von klappernden Schlangen noch von tanzenden Puppen.

Als ich zu mir komme, ist es schon fast hell. Die Sonne muss jeden Augenblick aufgehen. Ich fahre hoch und schaue rüber zu Danny. Auch er ist wach, wirft nochmals einen Blick

Abb. 44: Klapperschlange. Die Rassel ragt neben dem Kopf in die Höhe.

auf die Plastikdose mit den Puppen. Dann schüttelt er langsam den Kopf und kehrt resigniert die Handflächen nach oben. Wieder nichts. Auch er kann es nicht fassen.

Manchmal hasse ich Naturfilme. Warum nicht mit Schauspielern arbeiten? Die halten sich an das Drehbuch. Ihr Auftritt lässt sich planen und organisieren. Die Natur dagegen steckt voller Willkür und Allüren – zumindest wenn man sie filmen möchte.

Zurück in Lytle Ranch. Auch Ian Baldwin ist wieder »daheim«, wie er sagt. Der Abstecher nach Europa war erfolgreich, nur bei der Rückreise habe ihn der Zoll gezielt herausgefischt. Er sei sicher, in seiner Akte einen Vermerk zu haben: »Kleintierschmuggler« oder so ähnlich, vielleicht auch »Larvenkurier«. Jedenfalls wurde Ian von demselben Beamten, der ihn damals mit den Puppen erwischt hatte, höflich in den Besprechungsraum gebeten. Ungewöhnlich höflich. Und das Gespräch nimmt eine überraschende Wendung. Er habe mal im Internet nachgesehen, beginnt der Beamte, und wisse jetzt, was Ian für eine Kapazität sei, sogar in *National Geographic* habe er einen Artikel gefunden. Ian weiß noch nicht, worauf die ganze Geschichte hinauslaufen soll, bleibt freundlich, aber hält sich bedeckt. Und diese Puppen seien ja wirklich toll, fährt der Zöllner mit zunehmender Begeisterung fort. Sie könnten sich sogar biegen und krümmen, deshalb hätten sie wohl auch diese beweglichen Ringe. Ian stimmt zu, lobt die Beobachtungsgabe und hält einen kleinen Exkurs, dass die Ringe, wenn sie sich übereinanderschieben, auch eine Waffe seien. Gegen Ameisen zum Beispiel, die regelrecht geköpft würden, wenn sie versuchen, an diesen Stellen ins Puppeninnere einzudringen. Der Beamte nickt. Das müsse er seiner Tochter erzählen; die sei ja so begeistert gewesen, als aus den Puppen plötzlich richtige Schmetterlinge gekrabbelt seien… Jetzt ist es heraus. Der Zollbeamte deutet ein kumpelhaftes Zwinkern an und beschließt das Gespräch mit einem kräftigen Händedruck. »Ich glaube, es war der Beginn einer langen Freundschaft«, zitiert Ian vergnügt aus dem alten Humphrey-Bogart-Film.

Das Schmuggelgut hat überlebt – und hat funktioniert. Qualitätsprodukt aus Jena. Und unsere Film-Puppen? Ich habe sie noch tagelang bei mir getragen. Im Auto, im Flugzeug, zu Fuß in der Hosentasche. Sie sind nie geschlüpft. Und irgendwann haben sie auch aufgehört, sich zu bewegen. Deprimierend. Und ärgerlich. Und teuer – würde mein Produzent ergänzen. Immerhin habe ich den vertrockneten Ast, der als Ruheplatz für den Tabakschwärmer gedacht war, mitgenommen und in meinem Koffer verstaut.

Gefährliche Nachtschwärmer

Ein halbes Jahr später, mitten im Winter, kam er wieder zum Einsatz. Im Max-Planck-Institut im verschneiten Jena. Und hier wurden die Puppen zum Kinderspiel. Auf einem Tisch haben wir ein Stück Wüste nachgebaut. Sogar mit Originalerde aus dem Great Basin, die Danny früher mal mitgebracht hatte. Unser Ast wächst so natürlich aus dem Boden wie seinerzeit in Utah. »Fehlt nur noch eine Klapperschlange«, meint Brian, während er den Hintergrund aus blauem Stoff aufbaut.

Danny beobachtet die schlupfbereiten Kandidaten aus seiner Zucht. Mit dem Ruf »Es geht los!« versenkt er eine Puppe in unserem Wüstenboden, und keine zwei Minuten später hat der Tabakschwärmer seinen Auftritt. Na bitte. Warum nicht gleich?

Und Danny sollte recht behalten. Mit ungelenken Bewegungen nimmt der Falter Kurs auf unseren Ast. Er klettert in eine ideale Kameraposition. Ruht. Trocknet. Pumpt die Flügel auf, wie es sich gehört. Und schwirrt davon.

Später im Film wird er das alles vor den Bergen der Sierra Nevada tun, die wir in den blauen Hintergrund einstanzen. Und keiner wird es merken. Es sei denn, er hat vorher diese Zeilen gelesen.

Ab und zu weht mich ein Hauch von schlechtem Gewissen an: Darf man die Zuschauer derart hinters Licht führen und ein kleines steriles Labor als weite Wüste verkaufen? Aber dann sage ich mir, dass der Schmetterling echt war, der Hintergrund ein Originalfoto und dass wir beides naturgetreu zusammengebracht haben. Und wenn mir Puristen des Dokumentarfilms vorwerfen, es handle sich um eine Verfälschung der Realität, dann bleibt mir immer noch der freche Spruch eines Regisseurs, Realismus sei die stille Bucht der Fantasielosen.

Auf jeden Fall ist diese Schlüsselszene im Kasten; das Drama des Wilden Tabaks kann endlich weitergehen – am Originalschauplatz im Great Basin in Utah. Seit Einbruch der Dunkelheit warten wir dort auf einer Anhöhe mit blühenden Tabakpflanzen (Abb. 45) . Sie sollten das Ziel der geschlüpften *Manduca*-Schwärmer sein, meint Danny, und er hat recht. Schon kommt der erste angeschwirrt, sogar mit leuchtenden Augen – weil sie das Licht unserer Stirnlampen reflektieren. Jetzt steht er wie ein Helikopter über einer Blüte und entrollt

Abb. 45: Warten auf die Tabakschwärmer. Danny Kessler hat einige blühende Tabakpflanzen im Visier. Werden die Falter hier ihre Eier ablegen?

seinen langen, biegsamen Rüssel. Ein paar Versuche sind nötig, bis er ihn endlich eingefädelt hat in den Blütenkelch. Dann fließt der erste kräftigende Nektar. Tanken im Freiflug.

Noch ist das im Sinne des Tabaks, denn im Gegenzug erfolgt der Transport von Blütenstaub. Doch die folgende Aktion kann ihm gar nicht mehr gefallen: Der Falter rollt seinen Tankrüssel ein und startet ein delikates Flugmanöver. Schwirrend nähert er sich einem Blatt, krümmt den Hinterleib und klebt ein winziges Ei auf die Blattunterseite. Das war's. Schon ist er unterwegs zur nächsten Pflanze, die er ebenfalls mit einem Ei versieht. An die tausend Stück legt er insgesamt in den vierzehn Tagen seines Schwärmerlebens.

Das grünliche Ei ist kleiner als ein Pfefferkorn, und entsprechend winzig ist die schlüpfende Raupe. Niedlich und harmlos sieht sie aus mit ihrem Schwänzchen, das sie keck nach oben streckt. Das Idealbild der kleinen Raupe Nimmersatt.

Und sie hält sich auch an ihr literarisches Vorbild: Sie wirft ein paarmal das Köpfchen hin und her, als ob sie eine günstige Stelle im Blatt ausfindig machen wolle, dann schmatzt sie los. Sie nagt sich in das Blatt. Und frisst und frisst – »aber satt ist sie immer noch nicht…«

Nun gut, das hatten wir schon einmal, in der ersten Runde, als Heuschrecken und Eulenfalterraupen sich auf den Tabak stürzten – und anschließend durch die Nikotinkeule vertrieben wurden. Doch diesmal ist es anders. Die Raupen des Tabakschwärmers sind Fressmaschinen der besonderen Art: Sie scheren sich nicht im Geringsten um das Gift – es tut ihnen nichts: *Manduca*-Raupen sind immun gegen Nikotin. Und damit die großen Gegenspieler und Erzfeinde des Wilden Tabaks.

Ungehemmt schlagen sie sich den Leib voll. Jeden Tag vertilgen sie mehr, als sie selber wiegen. Ihre Größe und Fresslust wachsen exponenziell. Dabei legen sie sich eine grelle Bemalung zu: weiße Streifen auf grünem Grund, dazu eine Reihe abschreckender dunkler Augenflecke. Die Warnfärbung sticht ins Auge, und sie ist berechtigt. Denn die nikotinhaltige Kost hat die *Manduca*-Raupen ihrerseits giftig und ungenießbar gemacht. Darüber hinaus schlägt sie mit dem Kopf, beißt und spuckt und gibt drohende Knacklaute von sich. Eine Monsterraupe, um die Wachteln oder Eidechsen einen Bogen machen. Und sollte ein Vogel noch unerfahren sein und die Warnung ignorieren, dann dient der abstehende Schwanz als eine Art Blitzableiter. Unempfindlich wie er ist, kann er die Attacke verschmerzen (Abb. 46).

Manduca ist übermächtig. Wenn ihre Futterpflanze nicht mehr genügend hergibt, marschiert sie über den Boden zur nächsten, auch wenn sie meterweit entfernt ist. Nach drei bis vier Wochen ist sie fingerdick, und die Blätter knicken unter ihrer Last nach unten weg. Zeit für die Raupe, sich in den Boden zu graben und sich dort zu verpuppen. Den weiteren Verlauf kennen wir schon.

Abb. 46: Die Raupe des Tabakschwärmers ist ein fingerdickes Ungetüm. Jeden Tag frisst sie mehr, als sie selber wiegt. Was kann sie stoppen?

Keine Frage, der Tabak hat seine Blätter und den Kampf verloren. Knockout! Gegen diese Art von Raupen scheint kein
Kraut mehr gewachsen. Wenn es überhaupt eine Chance gibt,
dann müsste der Tabak sie früher ergreifen, wenn der Gegner
noch winzig und verletzlich ist. Und genau diese Strategie
verfolgt er auch.

Wehret den Anfängen

Spulen wir also den Film nochmals zurück zum allerersten
Auftritt der Raupe. An dieser Stelle hält das Drehbuch der Natur eine Variante bereit – die Geschichte nimmt dann einen
gänzlich anderen Verlauf…

Manduca ist aus dem Ei geschlüpft und schlägt ihre Kiefer
zum ersten Mal in das Tabakblatt. Kauend mischt sie ihren
Speichel in den Nahrungsbrei, und eben damit verrät sie sich.
Am Speichel erkennt der Tabak, dass hier keine gewöhnliche

Abb. 47: Auch Riesenraupen fangen klein an. Kaum ist der Winzling aus
dem Ei geschlüpft, erkennt der Wilde Tabak die Gefahr und holt Hilfe.

Raupe knabbert, sondern dass sein Erzfeind einen Angriff startet. Gefahr ist im Verzuge. Es geht um Stunden (Abb. 47).

Der Tabak reagiert entsprechend schnell: Er fährt die aufwendige Nikotinproduktion herunter, die bei diesem Gegner sowieso nichts mehr bringt, und mischt als erste Sofortmaßnahme einen Verdauungshemmer in das Blattgewebe. So wird das rasante Wachstum der Raupe gedrosselt, und der Tabak gewinnt Zeit. Zeit für den entscheidenden Gegenschlag. Zehn Stunden hat ihn die Vorbereitung gekostet. Jetzt ist er so weit: Er sendet Hilferufe aus. Der Tabak schickt SOS-Signale in die Wüste. Weithin ziehen sie durch die Luft.

Eigentlich schade, dass wir sie nicht hören können. Die Alarmrufe sind chemischer Natur. Der Tabak hat in seinen Blättern einen bestimmten Duft zusammengebraut, der jetzt aus den Millionen von Spaltöffnungen ins Freie quillt. Fortgetragen von den Strömungen und Wirbeln der Luft alarmiert er die Umgebung. Eine Duftsirene. Stumm, aber aufdringlich – für die richtigen Nasen.

In unser althergebrachtes Pflanzenbild passt das nicht ohne Weiteres. Duft, der aus grünen Blättern strömt – und nicht aus Blüten. Duft, der als Antwort auf Raupenfraß und Raupenspucke gebildet wird. Duft, der bestimmte Informationen übermittelt. Wir müssen uns daran gewöhnen, dass Pflanzen sich über Gerüche äußern und dass sie virtuos auf einer Klaviatur von Duftsignalen spielen. Dabei handelt es sich keineswegs um eine Randerscheinung – im Gegenteil: Über ein Drittel des Kohlendioxids, das eine Pflanze aus der Atmosphäre bezieht, verwendet sie zur Produktion von Duftstoffen. Und davon scheint es eine ungeheure Palette zu geben. Bis heute wurden mehr als tausend verschiedene Komponenten aus dem pflanzlichen Duftvokabular identifiziert.

Unsere menschliche Nase kann nicht viel dazu beitragen. Sie ist bei Weitem zu stumpf. Die komplexe Duftmischung des Tabakalarms zum Beispiel riecht für uns nur ein wenig nach

Abb. 48: Einfache Plastikbecher werden zu Duftkammern. Hier sammeln sich die Alarmgerüche an, die verletzte Tabakblätter aussenden.

gemähtem Gras. Doch Ian Baldwin und sein Team sind geübt darin, das Duftgeheul aufzufangen – mit ihrem einzigartigen mobilen Feldlabor, zu dem insbesondere weiche Klopapierrollen und transparente »Starbucks«-Kaffeebecher gehören. Beides habe sich im Freiland bestens bewährt, rechtfertigt Danny den Einsatz.

Dannys Handgriffe kommen so selbstverständlich, dass man auf jahrelange Übung schließen muss. Er stülpt die Becher über »rufende«, also angefressene Tabakblätter und nutzt dabei das Toilettenpapier als weiche Manschette, um die Pflanze nicht zu verletzen. So entsteht eine Kammer, in der sich die Alarmduftstoffe ansammeln (Abb. 48). Sie werden fortlaufend abgesaugt und bleiben in einem Filterröhrchen hängen. Das Prinzip ist nicht neu (wir haben es schon in Pennsylvania beim Geruchstest für den Teufelszwirn kennengelernt), aber das Zubehör ist leicht, unzerbrechlich und einfach zu beschaffen. Feldforschung hat ihre eigenen Gesetze. Hinzu kommt, dass sich die Alltagsgeräte im Feld auch dafür einsetzen lassen, wozu sie eigentlich gedacht sind.

Die chemische Zusammensetzung des Duftbouquets wird später im Labor ermittelt. Doch jetzt wollen wir natürlich sehen (und filmen), was der Alarmruf des Tabaks bewirkt. Wer ihm zu Hilfe eilt. Und wie die Ausschaltung der *Manduca*-Raupe erfolgt – wenn sie denn überhaupt erfolgt.

Ohne Danny hätten wir nie und nimmer die Empfänger des Duftalarms entdeckt. Sie sind zu klein und zu unscheinbar – zumindest für unser Auge. Und sie sind so zart, dass es eine Spezialpinzette braucht, um sie zu ergreifen und dabei nicht zu erdrücken. Nur drei Millimeter groß und gut getarnt verschwinden sie zwischen Bodenkrumen und Sandkörnchen. Erst als Danny sie anpustet, kommen sie auf Trab, und wir sehen sie über den Boden wuseln: Wanzen – Raubwanzen, genauer gesagt, die ihre Beute anstechen und aussaugen. Offiziell tragen sie den klangvollen Namen *Geocoris pallens*, aber für die Wissenschaftler sind sie nur die »big eyed bugs«, weil sie auffallend große Augen haben. Nicht schlecht, um kleine Räupchen zu erspähen.

Doch ihr Geruchssinn muss ähnlich gut entwickelt sein; jedenfalls fühlen sie sich angezogen vom Duftalarm und machen unsere Tabakpflanze zu ihrem bevorzugten Jagdrevier. Die untersten, auf dem Boden aufliegenden Blätter dienen dabei als einladender grüner Teppich, und dann geht es aufwärts in die nächsten Etagen. Mit ihren großen Augen inspizieren sie Blatt für Blatt. Und wenn sie auf eine junge *Manduca*-Raupe stoßen, dann – so müsste der Satz eigentlich weitergehen – überfallen sie ihr Opfer und saugen es aus.

Doch die Wanze vor Brians Kamera denkt nicht daran. Sie hat zwar Stellung bezogen auf der Unterseite des Blattes – zwei Fingerbreit entfernt von der kauenden Raupe. Aber außer Körperpflege scheint sie nichts im Sinn zu haben: Beine putzen, Rüssel reinigen, über die großen Augen wischen. Seit gut einer Stunde geht das so. Seit einer Stunde frisst die Raupe ungestört. Und seit einer Stunde warten wir auf den Überfall, um auf den Auslöser drücken zu können. Unsere Gelenke werden langsam steif. Die Wanze sollte endlich tun, was sie nach Meinung der Biologen längst hätte tun müssen …

Sie sollte sich ein Beispiel an Brian nehmen. Der bekommt Hunger und holt sich was zu essen. Auch das Räupchen schmatzt vor sich hin. Durch den Sucher kann ich deutlich den eingespeichelten Blattbrei erkennen.

Auf die Idee muss man erst mal kommen, dass der Raupenspeichel das entscheidende Erkennungsmerkmal für den Tabak ist. Und man muss es beweisen. Im Max-Planck-Institut in Jena haben sie einfach eine mechanische Raupe gebaut,

Abb. 49 a: Eine Raubwanze hat die frisch geschlüpfte *Manduca*-Raupe entdeckt. Gleich wird sie angreifen, und der Kampf der Winzlinge beginnt.

Abb. 49 b: Nicht von ungefähr wird die Wanze *Geocoris pallens* auch »big eyed bug« genannt. Sie ist mit zwei großen Augen ausgestattet, denen nichts entgeht.

die ein Tabakblatt annagen kann und dabei Originalraupenspeichel in die Wunde träufelt. Das Ergebnis war eindeutig: Je nach Speichelart sondert das Blatt verschiedene Duftstoffe ab. Die Spucke macht's. Der Raupenroboter mit dem pfiffigen Namen MecWorm hat dem Tabak auf den Zahn gefühlt.

Natürlich ist es passiert, als ich mit den Gedanken woanders war. Die Wanze hat sich über die kleine *Manduca*-Raupe hergemacht. Zwei Leichtgewichte, die miteinander kämpfen. Winzling gegen Winzling. Die Raupe schlägt mit dem Kopf. Die Wanze zuckt zurück. Dann sticht sie mit dem Rüssel gezielt ins Hinterende ihres Opfers. Die Abwehrbewegungen verebben, die Raupe wird schlaffer und dünner. Bis sie leergesaugt ist (Abb. 49).

Kein Zweifel, der Notruf des Tabaks zahlt sich aus. Einmal mehr bewährt sich die geniale Strategie der Pflanzen, auf Tiere zu setzen, wenn sie mit ihrem eigenen Latein am Ende sind. So wie sie Bienen zu ihrer Bestäubung einspannen oder Ameisen zu ihrer Verteidigung, so rufen sie auch die Feinde ihrer Feinde, wenn sie mit der eigenen Giftabwehr nicht mehr weiterkommen.

Und das trifft nicht nur auf den Wilden Tabak in Utah zu. Hilferufe per Duft wurden ebenso bei Mais, Tomaten oder Gurken beobachtet, sie scheinen im ganzen Pflanzenreich verbreitet zu sein. Die Luft im Grünen ist durchzogen vom »Geschrei« der Blumen und Blätter – von unzähligen Hilferufen, Lockrufen oder auch Warnrufen, wie wir noch sehen werden. Ein chaotisches Konzert von Duftbotschaften, für das unsere Sinne so gut wie taub sind. Aber wir sind auch nicht gemeint.

KAPITEL 6

Supersinne: Ein Leben in zwei Welten

Der Milliarden-Dollar-Käfer

»Der Billion Dollar Beatle ist da.« Peter Hauk, der Landwirtschaftsminister von Baden-Württemberg, legt einen dramatischen Unterton in seine Stimme, als habe er den GAU schlechthin zu verkünden. Journalisten schreiben seine Worte mit, Kameras laufen, Schautafeln sind aufgebaut. Die Pressekonferenz findet im Freien statt – am Rand eines Maisfelds in der Rheinebene. Und nicht zufällig liegt eine Autobahnraststätte in der Nähe und auch der Regionalflughafen Lahr.

Hinter dem Milliarden-Dollar-Käfer verbirgt sich ein hübsches, drei Millimeter großes Insekt. Allein in den USA richte es finanzielle Schäden von einer Milliarde Dollar an, betont der Minister. Und das jährlich. Der deutsche Name »Maiswurzelbohrer« beschreibt eher die pflanzlichen Schäden. Seine Larven fressen sich in die Wurzeln. Er ist der gefährlichste Maisschädling überhaupt. Und auch der modernste – zumindest was seine Ausbreitungsart angeht: Er nutzt mit Vorliebe das Flugzeug und Lkws, was ihm auch den Beinamen »Jetset-Beatle« eingetragen hat. Per Flugzeug kam er aus den USA nach Europa. Das muss man zumindest annehmen, weil er in Europa erstmals neben einem US-Luftwaffenstützpunkt bei Belgrad entdeckt wurde. Das war 1992, und seitdem hat er sich von Lkws verfrachten lassen oder ist bei zivilen Fluglinien an Bord gegangen. Jedenfalls hat er so die Schweiz, Polen, Holland und Frankreich erreicht. Und jetzt auch Deutschland – über die Autobahn, das Schienennetz oder per Jet.

Die vierunddreißig Exemplare, die in den vorsorglich aufgestellten Lockstofffallen zappeln, bedeuten Gefahr im Verzug. Niemand weiß, wie viele tatsächlich im Feld sind. Es gehe um Stunden, sagt der Minister, flankiert von seinen staatlichen Pflanzenschützern. Um den Mais zu retten, müsse man – leider – massive chemische Spritzeinsätze fahren (Abb. 50).

Und wo bleibt die Selbstverteidigung des Maises? Der Wurzelbohrer scheint alle unsere Lobeshymnen auf die Abwehrkräfte und Hilferufe der Pflanzen Lügen zu strafen. Der kleine Käfer ist offenbar nur durch hochtechnisches Gerät zu bezwingen. Durch gewaltige Stelzenschlepper, deren Arme über die Maisreihen schwenken und Hunderttausende Liter Insektengift versprühen. Möglicherweise mehrmals. Und dies hat zudem schnell zu geschehen. Wenn die Käferweibchen erst mal in den Boden kriechen und dort ihre Eier ablegen, ist ihnen nicht mehr beizukommen. Und erst recht nicht den schlüpfenden Larven, die sich über die Wurzeln hermachen und sie anbohren. Sie sind die eigentlichen Übeltäter. Sie behindern die Wasser- und Nährstoffaufnahme. Verursachen die Milliardenschäden.

Der Mais wird an der Wurzel gepackt, wird aus der Tiefe attackiert. Und gegen diese unterirdische Angriffsstrategie scheint er hilflos zu sein. Wie will er seine Organe im Erdboden schützen, wenn die Larven angekrochen kommen? Ein Heer von Larven, denn jedes Käferweibchen legt an die tausend Eier – unmittelbar in Wurzelnähe.

Doch wenn wir uns die bisherigen Tricks der Pflanzen vor Augen halten, wäre es merkwürdig, wenn sie sich bei ihren Wurzeln eine derartige Blöße gäben. Ausgerechnet bei den Wurzeln, die existenziell für den ganzen Pflanzenorganismus sind. Sie könnten fast als Kopf der Pflanze gelten – was im ers-

Abb. 50: Der Milliarden-Dollar-Käfer in der Falle. Männchen des Maiswurzelbohrers sind dem Weibchenduft gefolgt. Jetzt kleben sie fest.

ten Augenblick etwas widersinnig erscheint, weil es doch die Blüten sind, die wir gerne als »bunte Köpfchen« sehen. Doch schon Charles Darwin schlug vor, das Bild umzudrehen. Die Wurzelspitze sei das Kopfende der Pflanze und erinnere an das Gehirn niederer Tiere. Tatsächlich erkundet die Wurzelspitze ihre Umgebung nach Feuchtigkeit und Mineralien, sie erkennt Hindernisse, nimmt Licht und Schwerkraft wahr. Und sie bestimmt aus diesen unterschiedlichen Informationen, wohin und wie schnell sie zu wachsen, sich zu krümmen oder zu strecken hat. Ob man deshalb schon von einem »Wurzelgehirn« reden kann, wie manche Wissenschaftler es tun, sei dahingestellt, aber ohne eine Vielzahl von Verrechnungsvorgängen könnten die Wurzeln sich niemals so erfolgsorientiert durch den Boden bewegen.

Man muss davon ausgehen, dass die Pflanzen dieses kostbare Organ mit allen Mitteln verteidigen, da ist sich Professor Ted Turlings von der Universität Neuchâtel in der Schweiz sicher. Er selbst hatte nachgewiesen, dass auch Mais, ähnlich wie der Wilde Tabak, Duftsignale aussendet, wenn seine Blätter angefressen werden. Könnten die Wurzeln unter der Erde nicht Ähnliches tun?

Die Uni hoch über dem Neuenburger See residiert in einem schönen modernen Gebäude, und der Anbau für den Umgang mit gefährlichen Organismen wirkt geradezu futuristisch (Abb. 51). Hier hält Ted Turlings seine Maiswurzelbohrer in sicherer Verwahrung. Und hier will er uns vorführen, dass sie keineswegs nach Lust und Laune drauflosbohren können. Denn auch die Maiswurzeln setzen Notsignale ab – und eine

Abb. 51: Der Quarantänetrakt der Universität Neuchâtel in der Schweiz. Hier werden gefährliche Organismen wie der Maiswurzelbohrer erforscht.

Abb. 52: Ein Geruchstest im Labor. Können die Fadenwürmer im zentralen Gefäß die befallene Maispflanze finden? Sechs Wege stehen zur Wahl.

ganze Armada von winzigen Raubtieren eilt ihnen zu Hilfe: mikroskopisch kleine Fadenwürmer, sogenannte Nematoden, die sich zuhauf im Ackerboden tummeln.

Auf dem Labortisch ist eine Art Parcours von besonderem Zuschnitt aufgebaut. Im Zentrum ein Glas mit Erde. Das ist der Miniacker mit Tausenden von Nematoden. Von dort gehen strahlenförmig sechs Arme ab, die ebenfalls mit Erde gefüllt sind und die wiederum in ein Becherglas mit Erde münden (Abb 52).

Die Nematoden haben die sechsfache Wahl. Sie können in jeden der sechs Arme einwandern, das heißt, sich schlängelnd durch die feuchte Erde bewegen. Am Ende erwartet sie Unterschiedliches: Drei Arme münden in Gefäße nur mit Erde, die anderen drei Arme in Gefäße mit Maispflanzen – von denen eine absichtlich mit Larven infiziert wurde.

Start frei. Wohin werden die Fadenwürmer wandern, wenn sie sich überhaupt auf Wanderschaft begeben? Von außen lässt sich nichts beobachten, alles spielt sich in der Erde ab. Aber nach vierundzwanzig Stunden sind die Würmer so gut wie alle auf dem Weg zur befallenen Pflanze oder dort schon angekommen. Einzige Erklärung: Sie müssen einem aktiven Notruf der Wurzeln gefolgt sein, denn alle anderen Kontrollarme sind praktisch frei von Nematoden.

Ted Turlings konnte den Notruf sogar entschlüsseln: Maiswurzeln geben nach der Attacke ein Gas namens Beta-Caryophyllen ab. Es dringt durch die Erde bis zu den Nematoden, und die finden es offensichtlich attraktiv. Sie winden sich dem Duft entgegen. Und werden belohnt. Im Wurzelwerk stoßen sie auf die Larven, die zwar wesentlich größer sind, aber jetzt macht es die schiere Überzahl. Die Nematoden dringen durch Mund und Atemöffnungen in ihre Opfer ein und saugen sie aus.

Pflanzen sind die einzigen Lebewesen, die gleichzeitig im Boden und an der Luft leben. Und in beiden Welten rufen sie Hilfstruppen, um sich zu verteidigen. Sie machen andere mobil und überspielen so ihre eigene Unbeweglichkeit.

Ted Turlings kann den Hilferuf sogar selbst nachahmen. Wenn er an irgendeiner Stelle künstliches Beta-Caryophyllen in den Boden gibt, kommen die Nematoden herbeigeeilt. Sie bleiben zwar ohne Belohnung und gehen leer aus, aber ihr Auftritt zeigt, dass Ted den richtigen Lockruf gewählt hat.

So weit, so gut. Die Ehre des Mais scheint gerettet. Die Frage ist nur: Warum klappt es in Teds Labor und nicht auf den Feldern der Rheinebene?

Tatsächlich sind die meisten Maissorten »stumm« geworden. In dem Bemühen, immer ertragreichere Varianten zu züchten, wurde – aus Versehen – ihre »chemische Stimme« weggezüchtet. Die entsprechenden Gene sind blockiert. Und die eingesparten Mineralien und Ressourcen hat der Mais – ganz im Sinne seiner Züchter – in die Fruchtbildung gesteckt.

Ted Turlings Team arbeitet daran, die verstummten Gene

wieder zu aktivieren und dem Zuchtmais seine »Stimme« zurückzugeben. Diese Vision, die natürlichen Abwehrkräfte der Maispflanzen neu zu installieren, verdient Anerkennung und Unterstützung, aber es bleibt mehr als fraglich, ob sich damit der Einsatz von Spritzmitteln drastisch reduzieren lässt. Die pflanzeneigenen Abwehrmittel sind nicht gemacht für riesige Felder von Monokulturen, wo Jahr für Jahr das Gleiche angebaut wird. Aber sie könnten ausreichen, wenn wir zusätzlich zum alten, erprobten System des Fruchtwechsels zurückkehrten. Wenn der Maiswurzelbohrer im nächsten Jahr keinen Mais mehr vorfindet, sondern zum Beispiel Weizen, dann setzt ihm das mehr zu als alle staatlich unterstützten Spritzeinsätze. In der Schweiz hat man diesen Weg eingeschlagen – mit dem Ergebnis, dass der »Billion Dollar Beatle« hier tatsächlich wieder verschwunden ist.

Apfelsäure macht gesund

Die Strategie, sich Hilfstruppen zu holen, ist so erfolgversprechend, dass Pflanzen sie über und unter der Erde einsetzen. Sie ordern Wanzen oder Fluginsekten gegen Angriffe auf ihre Blätter oder Fadenwürmer gegen Angriffe auf ihre Wurzeln. Sie kommen in beiden Welten zurecht – in der Atmosphäre und in der Rhizosphäre, wie die Pflanzenforscher die Wurzelwelt nennen. Doch jetzt hat Professor Harsh Bais an der Universität von Delaware entdeckt, dass die beiden Abwehrsysteme sogar kombiniert werden können. Die kleine Ackerschmalwand namens *Arabidopsis* kontert einen Angriff auf ihre Blätter mit Verteidigern aus dem Boden.

Schwer vorstellbar, wie das funktionieren soll. Doch Harsh Bais hat eine präzise Dokumentation, einschließlich eines großartigen »Beweisfotos«, geliefert. Hier stichwortartig der Hergang:

Abb. 53: Das Beweisfoto: Bakterien als unterirdische Helfer. Nach einem »Hilferuf« sammeln sie sich als rot leuchtender Film an einer Wurzel.

Die Blätter der Ackerschmalwand werden von Krankheitserregern befallen. Von *Pseudomonas*-Bakterien. Sie verursachen die Weichfäule, schon nach wenigen Tagen vergilben die Blätter. Wenn nichts geschieht.

Doch die Ackerschmalwand lässt etwas geschehen. Sie schickt Botenstoffe in die Wurzeln, die daraufhin Apfelsäure herstellen und nach außen ins Erdreich abgeben. Die Säure wirkt als Signal für das Bodenbakterium *Bacillus subtilis* (landläufig auch Heubakterium genannt). Ein Heer dieser

Bakterien macht sich auf den Weg. Rundum mit Geißeln bestückt, schwimmen sie der nahrhaften Apfelsäure entgegen und legen sich in einem dünnen Film um die Pflanzenwurzeln. Normalerweise ist das nicht zu sehen, doch Harsh Bais und seine Mitarbeiter haben die Bakterien zum Leuchten gebracht und auf diese Weise ihr Stelldichein fotografieren können (Abb 53).

Bacillus subtilis ist ein Bakterium mit einem guten Ruf. Die Landwirte und Gärtner reichern damit häufig den Boden an, denn es produziert Antibiotika und eine Reihe von Substanzen, welche die Abwehrkraft der Pflanzen stärken. Wie das im Einzelnen funktioniert, ist bis heute nicht genau bekannt. Doch bei der befallenen Ackerschmalwand ist die Wirkung unüberschbar: Die Weichfäule wird gestoppt. Die Substanzen des »guten« Bodenbakteriums sind in die Wurzeln und weiter in die Blätter gelangt und schlagen dort die »schlechten« Bakterien zurück.

Es muss kein Nachteil sein, in zwei Welten zu leben. Man kann sich aus jeder das Beste holen. Aber man muss sich auch in jeder behaupten – nicht nur gegen tierische Feinde, sondern auch gegen wachsende Konkurrenz.

Streit unter Nachbarn

Pflanzen gehen nicht aufeinander los. Sie verkeilen sich nicht. Verjagen sich nicht. Vergiften sich nicht. So scheint es. Friedlich wachsen sie nebeneinander; bilden eine grüne Gemeinschaft im Wald und auf der Wiese und lassen noch Raum für zarte Kräuter und Blümchen. Aggressive Konkurrenz scheint Menschen und Tieren vorbehalten zu sein.

Doch schon vor gut zweitausend Jahren war dem römischen Schriftsteller Plinius dem Älteren aufgefallen, dass Walnussbäume sich andere Pflanzen vom Leib halten. Der Boden unter dem Blätterdach ist kaum bewachsen – als wäre der Aufenthalt für fremde Gewächse verboten. Der Schatten des Baums müsse gefährlich sein, meinte Plinius, und so ganz daneben lag er nicht. Es sind die Schatten spendenden Blätter, die den Boden vergiften – allerdings erst, nachdem sie abgefallen sind und sich zersetzen. Dabei entsteht eine chemische Substanz namens Juglon, die keimungshemmend wirkt und das Aufkommen anderer Pflanzen erschwert.

Derart giftige Platzverteidigung ist bei vielen Pflanzen üblich. Unter Eukalyptusbäumen bleibt die Erde auffallend kahl, und auch Nadelbäume sichern ihren Standort gegen lästige Emporkömmlinge. Doch wie es Gifte so an sich haben, sind sie in vielen Fällen unwirksam geworden. Die Zurückgewiesenen haben sich angepasst und Gegengifte entwickelt. Die Konkurrenz schläft nicht.

Auch über der Erde achten Pflanzen auf ihre Karriere – dass sie auf dem Weg nach oben nicht von anderen überholt werden. Sie wehren sich, wenn der Nachbar sie in den Schatten stellen will. Sie kämpfen um den Platz an der Sonne und versuchen, dem Konkurrenten schlichtweg davonzuwachsen. Wechselseitig treiben sie ihr Wachstum in die Höhe. Ein Wettlauf um Licht und Raum.

Es ist erst im Ansatz bekannt, was sich dabei abspielt, wie die Rivalen sich gegenseitig wahrnehmen und beeinflussen. Aber die Schlüsselrolle bei diesem Wachstumsrennen spielt ein besonderer Lichtrezeptor – das Phytochrompigment in den Pflanzenzellen. Es spricht auf feinste Farbunterschiede an und erkennt, ob das Sonnenlicht noch unverfälscht ist oder bereits durch andere Blätter gefiltert wurde. So erfahren vor allem aufstrebende Bäume von der Gefahr, beschattet zu werden, und können die Information in erhöhtes Wachstumstempo umsetzen. Wie sie das im Einzelnen anstellen, welche Signalkette vom Phytochrom zum Streckenwachstum des gesamten Organismus führt, bleibt noch zu erforschen. Aber offenbar mobilisieren Pflanzen die letzten Reserven, um ihre Konkurrenten nicht vorbeiziehen zu lassen.

Weniger augenfällig, aber noch dramatischer verläuft der unterirdische Kampf der Wurzeln. Hier zeigt sich sogar, dass Pflanzen häufig übers Ziel hinausschießen und sich selber schaden, nur weil sie dem Mitbewerber nichts »gönnen«. Überzogenes Konkurrenzverhalten – das kommt uns doch irgendwie bekannt vor.

Die Wurzeln im Untergrund sorgen für den Nachschub an Wasser und Nährstoffen. Für jede Pflanzenart ist ein anderes Mischungsverhältnis aus Stickstoff, Schwefel, Phosphor und vielen weiteren Mineralstoffen und Spurenelementen nötig. Der Bedarf insgesamt steigt natürlich, wenn die Pflanze wächst, neue Blätter, Früchte oder Samen bildet. Dann müsste auch das Wurzelwerk im Boden entsprechend wachsen und sich verdichten, um neues Gebiet mit neuen Ressourcen zu erschließen. Doch so einfach läuft es selten ab. Denn Pflanzen haben meistens Nachbarn, die ihnen die »Bodenschätze« streitig machen. Und dann geht es weniger darum, wie viel sie tatsächlich brauchen, sondern wie viel sie für sich reklamieren und beanspruchen können. Mit anderen Worten: Die Pflanzen konzentrieren sich ganz auf den Eroberungskampf unter der Erde. Sie vernachlässigen ihre überirdischen Organe wie Blätter, Blüten oder Früchte und bauen dafür ihr Wurzelwerk aus. Möglichst rasch, versteht sich. Zunächst durchdringen die Wurzeln den noch freien Raum, dann stoßen sie in das »Hoheitsgebiet« der Nachbarpflanze vor, und schließlich füllen sie die Zwischenräume mit feinerem Wurzelgeflecht. Insgesamt eine hochdynamische Angelegenheit, denn beide Rivalen verfolgen dieselbe Strategie. Beide erkennen, ob sie eine eigene oder eine gegnerische Wurzel vor sich haben, und beide versuchen, dem Konkurrenten möglichst viel Raum wegzuschnappen, bevor er es seinerseits tut. Eine dramatische Partie, die besonders heftig geführt wird, wenn Pflanzen derselben Art (mit den gleichen Nährstoffinteressen!) gegeneinander antreten. Konkurrierende Sojabohnen zum Beispiel bilden durchschnittlich fünfundachtzig Prozent mehr Wurzelmasse als Einzelpflanzen – und bezahlen dafür mit einem Verlust an Früchten und Samen um fast ein Drittel. Der Konkurrenzkampf im Erdreich kostet Nachkommen. Aber wer als Erster darauf verzichtet, ist bald ganz aus dem Rennen.

Könnten die Pflanzen sich nicht irgendwie einigen, den Boden gleichmäßig aufzuteilen und den kräftezehrenden Wurzelkampf einzustellen? Solche Fälle scheint es tatsächlich zu geben. Vor Kurzem ist Susan Dudley von der kanadischen McMaster University in Hamilton eine, wie ich finde, sensationelle Entdeckung gelungen. Ihr Forschungsobjekt wächst und blüht nicht weit entfernt von ihrem Labor an den Stränden des Ontariosees: Meersenfpflanzen. Deren Wurzelkonkurrenz lässt sich einfach demonstrieren. Werden die Pflanzen einzeln in kleinen Töpfen gezogen, bilden sie normale Wurzelballen aus. Kommen sie dagegen in – entsprechend größere – Gemeinschaftstöpfe, erkennen die Wurzeln die Konkurrenzsituation und wachsen, wie zu erwarten, schneller und dichter, um den Nachbarpflanzen zuvorzukommen.

Spannend wurde es, als Susan Dudley Geschwister gegeneinander antreten ließ, also Keimlinge, die von derselben Mutterpflanze abstammten. Plötzlich ging es toleranter zu im Gemeinschaftstopf, die Verwandten schienen großzügiger und verträglicher miteinander umzugehen: Das überzogene Wurzelwachstum blieb aus oder wurde deutlich verringert. Verwandte, so das Ergebnis, gönnen sich gegenseitig mehr Raum und Nährstoffe. Und das ist nicht nur beim Meersenf so, vermutet Susan Dudley.

Es geht also wild und unübersichtlich zu auf dem Acker, im Gartenbeet oder Blumenkübel. Da finden unterirdische Rangeleien und Positionskämpfe statt, da wird klar zwischen Eigenwurzel und Fremdwurzel unterschieden, und sogar Verwandte werden erkannt. Familienclans halten zusammen. Noch ist völlig unklar, wie die Wurzeln das bewerkstelligen, aber hier eröffnet sich ein aufregendes Forschungsfeld. Wir wissen mehr über die Welt der Ozeane und der Tiefsee als über das wilde Leben direkt unter unseren Füßen. Obwohl wir uns Jahr für Jahr davon ernähren.

Zu gern hätte ich den Wettkampf der Wurzeln filmisch sichtbar gemacht. Ihn so beschleunigt, dass sich die ganze Dramatik auch für unsere Sinne erschließt. Die Strategie der Raumeroberung in der Rhizosphäre. Aber leider hält sich die Wurzelwelt vor unseren Augen und Kameras verborgen. Man müsste versuchen, die rivalisierenden Pflanzen auf Hydrokultur umzustellen – im Glastopf mit freier Sicht für die Zeitrafferkamera. Susan Dudley arbeitet daran.

KAPITEL 7

Fortpflanzung: Sex auf Distanz

Von der Unschuld der Blumen

Ohne Fortpflanzung läuft nichts auf dieser Erde. Weder bei Tieren noch bei Pflanzen. Was nutzt die beste Ernährung? Die genialste Verteidigung? Was hilft der Kampf gegen Konkurrenten, wenn sich der Aufwand nicht in Nachkommen niederschlägt? Auch wenn es für hochorganisierte, denkende Wesen höchst unbefriedigend sein mag: In der Evolution ist die erfolgreiche Fortpflanzung das einzige Kriterium für Erfolg. Alle Tricks und Strategien, alle noch so genialen Konstruktionen sind letztlich nur Mittel für diesen Zweck.

Die uns geläufigste Art der Fortpflanzung ist an die Existenz von männlichen und weiblichen Partnern gebunden. Sie finden zusammen und haben Sex miteinander. Dass es dabei im Vorfeld oft schwierig zugeht, aufregend, unsicher, belebend, euphorisierend, frustrierend – wer wollte es bestreiten. Umso einfacher ist der Vorgang selbst. Sex läuft auf die Befruchtung der Eizelle hinaus: Das männliche Spermium verschmilzt mit der weiblichen Eizelle. Das genetische Material der beiden vermischt sich, und die so bereicherte Eizelle entwickelt sich, wenn alles klappt, zu einem neuen Lebewesen, das sich in vielen Details von seinen Eltern unterscheidet.

Die Verschmelzung der beiden Geschlechtszellen setzt natürlich ihren direkten Kontakt voraus – was nicht unbedingt den Kontakt von Männchen und Weibchen bedeutet. Bei Fischen und vielen Wassertieren läuft der Sex berührungsfrei ab. Sie geben nacheinander Eier und Spermien ins Wasser, den Rest besorgen die Zellen selbst: Die Spermien werfen ihren Geißelmotor an und schwimmen, von chemischen Substanzen der Eizelle angezogen, der Fusion entgegen.

Für echte Landtiere sind solche berührungsfreien Sexpraktiken natürlich wenig sinnvoll; die Spermien würden auf dem Trockenen sitzen und ihre Geißeln in der Luft hängen. An Land müssen die Partner persönlich Kontakt miteinander aufnehmen. Innige Berührung, Kopulation, ist gefragt. So bleiben die Spermien in ihrem angestammten Element: Im feuchten Milieu des Körperinneren überwinden sie per Geißelkraft die Restdistanz zur Eizelle.

Für Pflanzen kommt diese Art sexueller Kontakte natürlich nicht infrage. Sie setzt Beweglichkeit voraus und die Fähigkeit zusammenzufinden. Wenn Pflanzen Sex haben wollen, obwohl sie an getrennten Orten wachsen, müssen sie sich etwas anderes einfallen lassen.

Pflanzen beim Sex? Ist es überhaupt angebracht, sie in den Dunstkreis von Geschlechtlichkeit, Begattung oder Begierde zu ziehen? Sind sie nicht erhaben über diese dumpfen, tierischen Triebe? Jahrhunderte hindurch galten Blumen und Blüten als der Inbegriff der Reinheit und Keuschheit. Unberührte Bräute trugen den Jungfernkranz. Und wenn sie ihre Unschuld verloren, waren sie defloriert – will heißen: keine Blume mehr.

Das Bild von der geschlechtslosen Unschuld der Blumen muss auch jener Zuschauer in sich getragen haben, der mir nach einer TV-Dokumentation über Orchideen sechsundneunzig Obszönitäten vorwarf – er habe die Sendung dreimal angesehen und genau mitgezählt. Er konnte sich nur schwer damit abfinden, dass die wunderbaren Orchideenblüten etwas mit schmuddeliger Sexualität zu tun haben sollten. Und in gewisser Weise kann ich seine Empörung verstehen. Hier treffen zwei Vorstellungswelten aufeinander, die schwer miteinander vereinbar sind. In unserem Alltag stehen Blumen für Dankbarkeit, Schönheit, Freude, Zuneigung. In der Natur sind sie nichts anderes als eine Plattform zur möglichst wirksamen Darbietung der Geschlechtsorgane. Die Diskrepanz könnte größer nicht sein.

Verständlich, dass sich da innere Widerstände melden – und unverfänglichere Interpretationen den Vorzug bekommen. Die Blumen würden blühen, »damit sie den Leuten Freude bereiten« oder »weil wir im Himmel einen Herrgott haben, der uns Freude schenkt«. So oder so ähnlich antworteten die meisten Passanten, als ich sie auf dem Berliner Ku'damm nach dem Sinn der Blüten befragte.

Blüten tragen die Fortpflanzungsorgane der Pflanzen. Sie bieten Pollenkörner mit den männlichen Geschlechtszellen an – dem pflanzlichen Sperma, wenn man so will. Und in den Samenanlagen der Blüten warten die weiblichen Eizellen. Wie bei Tieren müssen auch hier männliche und weibliche Geschlechtszellen verschmelzen, damit ein neues Lebewesen, in diesem Fall ein Embryo im Samenkorn, heranwachsen kann. Auch Pflanzen haben Sex, auch sie zeugen Nachwuchs durch Befruchtung.

Der gravierende Unterschied zu Tieren liegt (wieder einmal!) darin, dass Pflanzen ihren Standort nicht wechseln können. Das ist ihr klassisches Los. Und ihre Lösung, sich trotzdem zu paaren, ist ebenso klassisch: Seit dem Karbon vor dreihundertsechzig Millionen Jahren gibt es Samenpflanzen, die ihre Pollenkörner dem Wind anvertrauen. Wer sein Erbmaterial nicht selbst überbringen kann, muss es eben verschicken.

Verständlicherweise ist die Zielgenauigkeit der Windzustellung ziemlich dürftig. Über eine Million Kiefernpollenkörner sind nötig, damit ein einziges auf einer weiblichen Kiefernblüte landet und dort eine Eizelle befruchten kann. Eine miserable Trefferquote – die aber angesichts der vielen Irrläufer verständlich ist. Im Frühsommer versehen sie die Autos (mit Vorliebe, nachdem sie gerade die Waschanlage verlassen haben) mit einem gelben Überzug. Straßen und Teiche sind mit Pollen überpudert, und der Rest scheint auf den Schleimhäuten von Heuschnupfern zu landen. Viel Aufwand und Vergeudung für den windvermittelten Sex.

Doch vor etwa hundertdreißig Millionen Jahren, in der Kreidezeit, gelingt den Pflanzen ein großartiger Coup in Sachen Sexualität. Einige von ihnen wechseln das Transportunternehmen für ihren Pollenversand: Nicht mehr unberechenbare Luftströmungen sollen es richten, sondern geflügelte Insekten, die gezielt von Blüte zu Blüte schwirren und dabei den Pollen verfrachten. Keine Pollenwurfsendung mehr nach Belieben, sondern gezielte Zustellung für ausgesuchte Empfänger. Das bedeutet weniger Verluste und sparsameres Wirtschaften: Die Produktion von Pollen kann auf ein Zweihundertstel zurückgefahren werden.

Doch die Umstellung auf geflügelte Kuriere erfordert einen völlig neuen Typ von Blüten. Bislang waren sie, unscheinbar gebaut, schlichte Konstruktionen, die im Wind hingen, um Blütenstaub auszuschütten oder aufzufangen – als schmucklose Zapfen zum Beispiel, wie heute noch bei Kiefern und anderen Nadelbäumen. Aber jetzt sollen lebende Kuriere verpflichtet werden, das ist etwas völlig anderes. Die Blüten müssen für Insektenaugen von Weitem sichtbar sein, sie sollen auffallen und einladen. Zudem brauchen sie insektengerechte Belade- und Empfangsstationen für Pollenstaub.

Kurzum, mitten im Zeitalter der Dinosaurier verändert eine neue Pflanzengruppe das Gesicht der Erde. Sie bringt Farbe in die Welt, macht sie bunt und leuchtend. Diese Pflanzen entwickeln so kunstvolle, farbenprächtige und wohlriechende Blüten – und so anders als bisher, dass man sie meist vereinfachend als »die Blütenpflanzen« bezeichnet (Abb. 54).

Die Umstellung auf das revolutionäre Blütendesign hat Er-

Abb. 54: Birnenblüte. In der Mitte der Griffel mit der (mehrteiligen) weiblichen Narbe, umgeben von Staubbeuteln mit männlichem Pollen.

folg: Die Blütenpflanzen erobern die Erde; heute stellen sie mit 235 000 Arten die größte Pflanzengruppe und sind am weitesten verbreitet. Dazu trägt sicher auch bei, dass ihre Blüten recht souverän mit der Geschlechterrolle umgehen: Sie sind Zwitter. Schon der erste Blick in eine Tulpe oder Lilie macht es überdeutlich. Jede Blüte präsentiert einen Kranz männlicher Staubbeutel und, in der Mitte aufragend, eine weibliche Narbe – das Empfangsorgan für den Blütenstaub. (Die Eizellen selbst sind nicht zu sehen; sie sitzen weiter unten, im Fruchtknoten verborgen, der mit der Narbe in Verbindung steht.)

Dieses Dasein als Zwitter, also die Eigenschaft, zweierlei Geschlechter zu besitzen, bietet durchaus Vorteile – zumindest für eine Blütenpflanze. Als Männchen kann sie Pollen abgeben und andere befruchten; als Weibchen kann sie Pollen empfangen und selber Nachwuchs bekommen. Die Fortpflanzungschancen verdoppeln sich.

Der geniale Rektor Sprengel

Dass die Blumen von Bienen, Hummeln oder Schmetterlingen bestäubt werden, ist nicht gerade eine umwerfende Nachricht. Jedes Schulkind hat davon gehört. Aber der Mann, der als Erster auf diese Zusammenarbeit zwischen Blumen und Insekten aufmerksam machte, hatte einen schweren Stand. Er wurde verlacht und verspottet und siebzig Jahre lang totgeschwiegen. Die Rede ist von einem Schulrektor in Berlin-Spandau namens Christian Konrad Sprengel, einem Zeitgenossen Goethes. Er muss ein ziemlich unflätiger Typ gewesen sein, der sich mit allen anlegte. Unverheiratet und griesgrämig. Aber er war ein Genie, ein Außenseiter, seiner Zeit weit voraus. Selbst heute noch, nach über zweihundert Jahren, ist es ein lehrreiches Vergnügen, sein Buch zu lesen.

»Das entdeckte Geheimnis der Natur« erschien 1793 im

Vieweg-Verlag, mit fünfundzwanzig wunderschönen, ganzseitigen Kupferstichen. Es war nicht in der damaligen Wissenschaftssprache Latein, sondern in Deutsch verfasst. Klar und verständlich, mitunter sogar als spannende Reportage geschrieben. Und trotzdem wurde es ein totaler Flop – sowohl für den Verlag als auch für ihn selbst. Er habe nicht einmal ein Belegexemplar bekommen, beklagte er sich später.

Der Misserfolg hatte mit Sprengels Grundgedanken zu tun, dass Insekten eine Rolle im Geschlechtsleben der Blumen spielen würden. Eine Vorstellung, die Fachleute und Laien als Zumutung empfinden mussten. Ausgerechnet Insekten! Als ob die schönen, hehren Blüten auf die Mitarbeit kleiner, hässlicher Krabbeltiere angewiesen wären! Das gehörte einfach nicht zusammen und wurde, bewusst oder unbewusst, auch als Ungehörigkeit empfunden. Gerade erst hatten sich die Gelehrten damit abgefunden, dass die so reinen Blüten sehr wohl die Fortpflanzungsorgane der Pflanzen tragen. Manche Biologen verstiegen sich sogar, nachdem das Tabu einmal gefallen war, zu recht gewagten Formulierungen. So etwa der schwedische Botaniker Carl von Linné, der vom »Vorspiel pflanzlicher Begattung« fabulierte, von den Blüten als »Hochzeitsbetten« oder von den Staubgefäßen als »Ehegatten«.

So weit, so gut. Aber jetzt kommt dieser Sprengel und behauptet, dass behaarte, eklige Insekten bei diesen Liebesorgien mitmischten. So etwas Abstruses kann nur dem Hirn eines ignoranten Laien entspringen (Abb. 55).

Das mag sogar stimmen. Doch der fachfremde Schulmeister, der »nur« Sprachen und Theologie studiert hatte, war eben auch frei von wissenschaftlichem Ballast und den Lehrmeinungen seiner Zeit. Er musste sich auf seinen eigenen Kopf verlassen – und vor allem auf seine Augen. Sprengel war ein geradezu detailversessener Beobachter. Jede freie Minute zog es ihn hinaus zu »den Wunderdingen der Flora«, um »die Natur auf frischer Tat zu ertappen«, wie er es ausdrückte.

Abb. 55: Der Rektor und Amateurbotaniker Christian Konrad Sprengel schrieb 1793 ein revolutionäres Pflanzenbuch. Er wurde verlacht und verkannt.

Alles begann – man möchte es kaum glauben – mit ein paar winzigen Härchen, die Sprengel in der Blüte des Waldstorchenschnabels entdeckte. Sie wölben sich über die Öffnungen, die zum Nektar führen. Reiner Zufall? Oder steckt mehr dahinter? Offensichtlich, denn auch andere Blüten decken ihre Nektarquellen mit einem Sperrgitter aus Härchen ab. Sprengel vermutet, dass damit der zuckersüße Nektar vor Regen geschützt werden soll, »so wie ein Schweißtropfen, welcher an der Stirn des Menschen herabgeflossen ist, von den Augenbrauen und Augenwimpern aufgehalten wird und verhindert, in das Auge hineinzufließen«.

Der haarige Regenschutz, so führt Sprengel an, sei eine bewundernswert sinnreiche Konstruktion, denn er halte Wassertropfen zurück, aber nicht die Insekten; sie kämen mit ihren Saugrüsseln jederzeit zwischen den Härchen hindurch und könnten den – unverwässerten – Blütensaft genießen.

Das alles klingt – seien wir ehrlich – ziemlich an den Härchen herbeigezogen. Und so musste es erst recht Sprengels Zeitgenossen erscheinen. Warum sollten sich die Blumen um das Wohl der Insekten kümmern? Ihnen Nektar spenden? Und, geradezu fürsorglich, darauf achten, dass er hochprozentig bleibt? Das war zu viel an Ungereimtheiten, zumal dem Blütensaft ganz andere Rollen zugeschrieben wurden. Für einige Botaniker war er nur eine giftige Ausscheidung, andere meinten, er sei ein Schmiermittel für den Fruchtknoten. Theorien, am Schreibtisch geboren.

Sprengel hält nichts von solchen blühenden Fantasien; er hält sich an die blühende Wirklichkeit, und schon bald entdeckt er weitere Hinweise, dass der Nektar für Insekten gedacht ist. So stellt er mit Genugtuung fest, dass windbestäubte Blüten nektarfrei sind. Und ein kleines Allerweltsblümelein zerstreut seine letzten Zweifel: Das Vergissmeinnicht hat im Zentrum der Blüte einen kleinen, gelben Ring. Er ist so auffällig, dass er als Symbol der Treue dem Blümchen sogar seinen

Abb. 56: Warum trägt das Vergissmeinnicht einen gelben Ring? Ist es nur Zufall oder steckt mehr dahinter? Rektor Sprengel hatte eine Idee.

Namen gab, aber niemand hatte sich je gefragt, wozu dieser Ring gut sein könnte, ob ihm irgendeine Funktion zukommt. Bis auf Christian Konrad Sprengel (Abb. 56).

Auch er sieht in dem Ring ein Symbol – jedoch für die anfliegenden Insekten. Die kreisrunde, auffallende Markierung soll ihnen den Weg zum Nektar weisen: Hier im Zentrum ist das Ziel! Hier geht es zum Ausschank! In der Mitte des Rings ist tatsächlich eine winzige Öffnung für den Saugrüssel der Insekten – der Flaschenhals zur Nektarkammer.

Natürlich könnte das Ganze Zufall sein, aber Sprengel, einmal auf die Idee gekommen, findet bei den meisten Blüten besondere Linien, Flecken oder Punktemuster. Und diese Saftmale, wie er sie nennt, sitzen immer dort, wo Nektar zu holen ist. Als wollten die Blumen durch Einkreisen, Unterstreichen oder sonstige Hervorhebungen den Insekten zeigen, wo es langgeht.

Ein derart intelligent erscheinendes Wechselspiel von niederen Tieren und geistlosen Pflanzen war zu viel für Sprengels Zeitgenossen. Goethe, der selbst (und durchaus in Konkurrenz zu Sprengel) ein Buch über »Die Metamorphose der Pflanzen« schrieb, reagierte geradezu verärgert. Sprengels Ansicht erkläre nichts, sondern schiebe der Natur nur einen menschlichen Verstand unter. Schon die Frage, warum etwas so sei oder welchem Zweck es diene, sei durchaus unwissenschaftlich. Man muss Goethe zugute halten, dass sich damals, siebzig Jahre vor Darwin, niemand vorstellen konnte, auf welchem Weg die Natur zweckmäßige oder gar intelligente Lösungen entwickeln kann.

Sprengel lässt sich auch durch das Urteil des angesehenen Geheimrats nicht beirren. Er kann die Insekten zwar nicht befragen, was sie von den Saftmalen halten, aber er versucht – in bester wissenschaftlicher Denkweise –, seine eigene Hypothese zu falsifizieren. Sollten die Saftmale auch bei typischen Nachtblumen auftreten, dann wäre seine Ansicht widerlegt –

denn nachts sind die Markierungen gar nicht zu sehen und könnten folglich auch nicht als Wegweiser dienen.

Nach einigen nächtlichen Exkursionen fühlt sich Sprengel bestätigt: Blüten wie die Nachtkerze, die sich nur nachts öffnen, tragen keinerlei Saftmale. Sie verzichten sogar ganz auf Farbe, sind weißlich hell, »damit sie in der Dunkelheit den Insekten in die Augen fallen«. Und zusätzlich, so entdeckt Sprengel bei dieser Gelegenheit, setzen sie starke Gerüche ein, um auf sich aufmerksam zu machen (Abb. 57).

Man kann nur staunen über Sprengels Beobachtungsgabe und die Art und Weise, wie er sich in die Blumen hineingedacht hat. Auch der Zweck, den sie mit ihrem Nektarausschank verfolgen, war ihm längst klar geworden. Die Insekten kommen nicht mit leeren Händen – oder Haaren. Sie bringen Blütenstaub von anderen Blumen und streifen ihn, während sie sich den Weg zur Nektartheke bahnen, an der Narbe ab. Oder sie laden sich Pollen aus den Staubbeuteln auf. Nektar ist gleichsam die Bezahlung für die Bestäubung. Mehr noch: Die ganze Blütenkonstruktion, einschließlich Größe, Duft und Farbe, ist maßgeschneidert für die bestäubenden Insekten. Um sie zu einem Besuch zu verführen.

Aus heutiger Sicht könnte man sagen: Die Blütenpflanzen haben das Prinzip der »Werbung durch Service« entdeckt. Sie locken potenzielle Besucher mit farbenfroher Fassade und verführerischen Wohlgerüchen. Sie garantieren gute Anflug- und Landemöglichkeiten. Bringen übersichtliche Wegweiser zur Schankstube an. Versehen den Zugang mit rutschfesten Noppen. Und schenken schließlich frische, ungepanschte Getränke aus. Einen derartigen Service werden die Gäste in Erinnerung behalten und wiederkommen – oder eine Raststätte gleichen Zuschnitts aufsuchen. Auch Insekten sind Gewohnheitstiere.

Fazit: Blüten ziehen alle Register der Werbung, um Insekten als Kunden und damit als Kuriere zu gewinnen (Abb. 58).

Abb. 57a: Nelkenblüte. Im Zentrum ein strahlenförmiges Linienmuster.

Abb. 57b: Veilchenblüte. Die Linien weisen auf die Nektarquelle hin.

Abb. 57c: Betunienblüte. Ein fünfstrahliger Stern als »Saftmal«.

Abb. 57d: Die schwarzäugige Susanne zieht Insekten in die Tiefe.

Diese Vorstellung ist uns heute so geläufig, und Sprengel hatte anhand Dutzender von Blüten so schlagende Beweise geliefert und sie so durch präzise Zeichnungen unterstützt, dass es schon verwunderlich ist, warum er überhaupt kein Echo fand, warum seine Ansicht erst bekämpft, später einfach ignoriert wurde. Seine grobe Umgangsart mag dazu beigetragen haben – zum Beispiel wenn er seine Kollegen als »Stubenbotaniker« titulierte, die sich in erster Linie »damit beschäftigen, den Forderungen ihres Magens Genüge zu tun«. Entscheidend war freilich etwas anderes.

Abb. 58: Eine Hummel mit herausgestreckter Zunge im Anflug auf eine Heckenrose. Sie bringt Pollenkörner mit.

Sprengels Buch kam zur falschen Zeit. Es galt als völlig unnötig und überflüssig. »Das entdeckte Geheimnis« wurde nicht zur Kenntnis genommen, weil es für potenzielle Leser gar kein Geheimnis gab. Niemand sah ein Problem, es gab keinen Lösungsbedarf. Man wusste ja längst – oder glaubte zu wissen –, wie die Blumen sich bestäuben, und zwar ohne dass man dafür Insekten bemühen musste. Die Blüten machen es selbst. Warum sonst sollten männliche Staubgefäße und weibliche Narbe in einer Blüte vereint sein? Der weise Schöpfer hat die Blumen zu Zwittern gemacht, weil ihnen die Möglichkeit fehlt, zur Paarung zusammenzukommen. Das schien so offensichtlich, dass die Selbstbestäubung der Blumen zum Dogma erhoben wurde. Die Staubgefäße mussten sich nur etwas hinüberbeugen oder einen Windhauch abwarten, um den Pollen auf die Narbe zu geben – und schon war der »florale Liebesakt« vollzogen. Wozu dieser ganze Sprengel'sche Firlefanz mit Bienen, Hummeln, Fliegen, Schnaken, die überdies nur recht unzuverlässig hätten arbeiten können?

Inzucht unerwünscht

Sprengel wusste natürlich um dieses Dogma der Selbstbestäubung. Aber im Zweifel traute er eher seinen Augen als den Köpfen der Gelehrten. Jeden Tag sah er aufs Neue, wie wenig seine Blumen gewillt waren, sich an das Dogma zu halten. Im Gegenteil, sie gingen geradezu zielstrebig vor, um Selbstbestäubung auszuschließen oder zumindest zu erschweren.

Das Waldweidenröschen zum Beispiel. Wenn es zu blühen beginnt, strecken sich zuerst seine acht Staubgefäße nach oben und bieten Pollen an. Zu diesem Zeitpunkt ist aber die Narbe noch gar nicht empfängnisbereit. Sie reift erst später, wenn die Staubbeutel längst wieder verwelkt und vertrocknet sind. Das zeitliche Nacheinander schließt Selbstbestäubung aus. Die Blume vermeidet Inzucht.

Bei allen Blüten, die Sprengel studiert, reifen Staubgefäße und Narbe zu unterschiedlichen Zeiten. »So scheint es die Natur nicht haben zu wollen, dass irgendeine Blume durch ihren eigenen Staub befruchtet werden solle.«

Wenn aber nicht der eigene Pollen, so die logische Folgerung, dann kommt nur fremder Pollen infrage. Und der muss herantransportiert werden. An den Insekten führt kein Weg vorbei (Abb. 59).

Doch die Gelehrten und Universitätsprofessoren hielten beharrlich an ihrem – insektenfreien – Dogma der Selbstbestäubung fest. Dabei hätten sie nur einen Ausflug ins Grüne unternehmen müssen, um sich Sprengels Lieblingsbeispiel an-

Abb. 59: Tanken in der Luft. Das Taubenschwänzchen ist ein behaarter Schmetterling, der wie ein Kolibri im Schwirrflug Nektar trinken kann.

zusehen: den Wiesensalbei. Hier kann man die Rolle der Insekten buchstäblich mit Händen greifen.

Zu meinen frühesten Kindheitserinnerungen gehören zwei unbegreifliche Wunder, die ich damals als kleiner Junge gerne durchschaut hätte. Das erste war der bunte Kuckucksuhr-Kuckuck, der regelmäßig vor sein Türchen trat und sich mit jedem Ruf verbeugte – wie machte er das nur? Und das zweite Wunder war die ebenso unbegreifliche Bewegung des Wiesensalbeis. Mein Vater hatte sie mir vorgeführt, und jetzt konnte ich sie, bäuchlings in der Wiese liegend, wieder und wieder auslösen. Ich brauchte nur ganz leicht einen Strohhalm in die Blüte zu drücken, und schon senkten sich wie durch Zauberei zwei Stiele mit Staubbeuteln herab, wie zwei Fingerchen, die meinen Strohhalm kitzeln wollten. Und sobald ich mit dem Druck nachließ, zogen sich die Fingerchen wieder zurück in die Blüte – beinahe wie mein Kuckuck in sein Uhrgehäuse.

Bis heute wirkt dieser Hebelmechanismus des Wiesensalbeis faszinierend – nicht nur wenn man ihn von Hand (mit einem Bleistift oder Kugelschreiber) auslöst, sondern auch wenn er von einer Biene in Gang gesetzt wird. Wenn sie bei der Suche nach Nektar in die Blüte drückt, senken sich die beiden Staubgefäße wie ein Schlagbaum herab und bepudern ihr den Rücken.

Diese für Bienen oder Hummeln maßgeschneiderte Mechanik der Pollenbeladung hätte eigentlich jeden überzeugen müssen: Der Wiesensalbei verschickt seinen Blütenstaub durch Insekten. Und auch später, wenn seine männliche Phase vorbei ist und er als Weibchen selbst bestäubt werden möchte, verlässt er sich auf Insekten und auf seine Mechanik. Jetzt sind die Staubgefäße zurückgebildet und durch einen Griffel mit klebriger Narbe ersetzt. Die Beladestation hat sich in eine Empfangsstation verwandelt. Der sich senkende »Schlagbaum« tippt der Biene auf den Rücken – und sammelt mitgebrachten Pollen ab. Pollen von einer fremden Blüte. Auch der Wiesensalbei hat etwas gegen Selbstbestäubung.

Schade, dass sich Sprengels Widersacher dieses Schauspiel entgehen ließen und ihm stattdessen vorwarfen, er trage »kein Gefühl für die Heiligkeit und Würde der Natur im Busen«. Sprengel war nicht unempfindlich gegen Kritik, aber weit härter traf es ihn, wenn die Natur selbst ihm widersprach – oder zu widersprechen schien. Das Breitblättrige Knabenkraut zum Beispiel ließ ihn fast verzweifeln. An sich selbst und an seiner Theorie. Die Orchidee hat alles, was eine Nektarblume braucht: kräftig gefärbte Blüten, unübersehbare Saftmale und auch Insektenbesucher. Das Einzige, was ihr fehlt, ist Nektar. Keinen einzigen Tropfen stellt sie her. Die Entdeckung war niederschmetternd für Sprengel. Was sollen Saftmale ohne

Saft? Das ganze Konzept der nektarspendenden Blüten schien hinfällig, und Sprengel befürchtete, das Knabenkraut könne seine »bisher gemachten Entdeckungen wenn nicht über den Haufen werfen, so doch wenigstens sehr zweifelhaft machen«.

Wie geht man um mit einer so eigenwilligen Orchidee, die völlig aus dem Rahmen fällt? Sprengel muss einige schlaflose Nächte verbracht haben, dann entwickelt er eine wirklich kühne Idee. Und auch diesmal liegt er richtig. Nicht er habe sich getäuscht, sondern das Knabenkraut täusche reguläre Nektarblüten vor und betrüge damit die Insekten. Sie gehen leer aus. Aber schon ihre Suche nach Nektar bringe die Bestäubung. Pollenlieferung ohne Bezahlung. Aus der Sicht des Knabenkrauts und ähnlicher »Täuschblumen« ein gutes Geschäft (Abb. 60).

Sprengel hat als Erster das Phänomen der Täuschung in der Natur erkannt – das, was wir heute als Mimikry bezeichnen und was wir in der Regel nur Tieren zugestehen. Der Rektor aus Spandau hat es lange zuvor bei Blumen entdeckt.

Lug und Trug bei Orchideen – Blüten als Mogelpackung, um sich die Bestäubung zu erschwindeln. Das war endgültig zu viel für Sprengels Zeitgenossen. So mancher reagierte mit beißendem Spott. Mit solch kurzweiligen Märchen, schreibt der Botaniker August Henschel von der Universität Breslau, könne man allenfalls einem unmündigen Knaben die Zeit vertreiben.

Es sollte lange dauern, bis das angebliche Märchen als Tatsachenbeschreibung gewürdigt wurde. Sprengel verbitterte mehr und mehr. Weder als Autor noch als Rektor hatte er Glück. Er wurde aus dem Schuldienst entlassen, weil er zu streng mit den Schülern gewesen sei und dem Religionsunterricht nicht genügend Vorrang eingeräumt habe. Abgeschottet von der Außenwelt lebte er zurückgezogen in einer Dachkammer. Er starb mit sechsundsechzig Jahren. Ebenso vergessen wie sein Buch.

Abb. 60: Das Gefleckte Knabenkraut ist eine »Täuschblume«: Ihre Saftmale täuschen Nektar vor, und die Insekten gehen leer aus. Schlimmer für diese ist es noch, wenn sie die Krabbenspinne übersehen.

Doch siebzig Jahre nach Erscheinen wird »Das entdeckte Geheimnis« neu entdeckt. Plötzlich ist es gefragt wie nie zuvor. Ein Bestseller, der in mehreren Auflagen nachgedruckt wird. Woher der Umschwung?

Es war kein Geringerer als der große Charles Darwin, der zu demselben Ergebnis gekommen war: Blumen lassen sich durch Insekten bestäuben. Selbstbestäubung ist die Ausnahme. Und Darwin konnte, im Gegensatz zu Sprengel, auch eine Begründung dafür nennen. Inzucht, so hatten seine zehnjährigen Versuchsreihen ergeben, führt fast immer zu weniger und dazu noch schwächeren Nachkommen. Auch bei Pflanzen.

»Der gute alte Sprengel«, wie Darwin ihn nannte, war plötzlich zeitgemäß und modern geworden. Er wurde gelobt, geehrt und ob seiner Weitsicht gerühmt – und sein Buch wurde verschlungen. Ein wenig von diesem Nachruhm hätte er auch zu Lebzeiten gebrauchen können.

Eine Nacht im Wiesenknast

In der Welt der Blumen verläuft nicht alles fair. Schon Sprengels Knabenkraut drückt sich vor der Bezahlung. Und andere wenden sogar Gewalt an und gehen – zumindest aus unserer Sicht – ziemlich fies mit den Insekten um.

Mein erklärter Liebling unter den gewalttätigen Blumen ist der Gefleckte Aronstab auf Lichtungen und Waldrändern. Er inszeniert seine Bestäubung als Vierundzwanzig-Stunden-Drama, und die Akteure erleben finstere Stunden.

Es braucht keine botanischen Kenntnisse, um den Aronstab zu identifizieren; er ist unverwechselbar, wenn er blüht. Das geschieht so Ende April/Anfang Mai. Dann fällt er durch sein großes Hüllblatt auf, das wie eine Schultüte gewickelt ist. Die Tüte geht unten in einen Kessel über, in dem die eigentlichen Blütenorgane verborgen sind. Oben aus der Tütenöffnung ragt ein bleistiftdicker, bräunlicher Stab heraus, Markenzeichen und Namengeber des Aronstabs (Abb. 61).

Ob der Stab des biblischen Aron wirklich so ausgesehen hat, sei dahingestellt. Jedenfalls haben beide Aronstäbe außergewöhnliche Fähigkeiten: Der biblische blüht auf zu einem Mandelzweig, der biologische heizt sich auf und wird zu einem Duftstrahler. Bis zu vierzig Grad Celsius kann der Heizkolben erreichen – geradezu unheimlich für eine Pflanze. Wie eine Duftkerze verströmt er seinen Geruch, der für uns als Parfüm kaum infrage käme. Aber wären wir Abortfliegen (oder Schmetterlingsmücken, um es nicht ganz so unappetitlich zu machen), fänden wir den Duft hochattraktiv. Der Aronstab stinkt nach Harn und Kot. Und ist zudem warm wie diese Substanzen, wenn sie frisch produziert sind. Für besagte Abortfliegen scheint er das ideale Medium zu sein, um Eier abzulegen.

Doch schon die Landung verläuft nicht glatt – oder zu glatt: Das Hüllblatt ist mit unzähligen Öltröpfchen übersät, und un-

Abb. 61: Links: Aronstab von außen. Rechts: aufgeschnittener Kessel mit dem Blütenstand. Aus den grünlichen Fruchtknoten schauen die Narben heraus. Der rote Korb darüber ist mit Pollen gefüllt.

versehens beginnt die Rutschpartie abwärts in den Kessel. Durch ein Sieb von Reusenhaaren hindurch, hinunter auf den Grund. Mitten in einen Pulk von anderen Mücken, die ziemlich panisch durcheinanderkrabbeln. Und sie haben Grund dazu: Alle sitzen in der Falle. Die Kesselwände sind steil und rutschig. Hochklettern – abrutschen. Nochmals hochklettern – wieder abrutschen. Und so fort, bis zur Erschöpfung. Selbst Sisyphos hätte aufgegeben. Immerhin, es gibt eine begehbare Zone im Zentrum des Kessels, lauter kleine Höckerchen, die rutschfest sind und Halt geben. Verständlich, dass sich hier jeder aufhalten will – wenn er noch die Kraft dazu hat …

Aus der Sicht des Aronstabs stellt sich das natürlich anders dar. Für ihn geht es darum, dass die gefangenen Fliegen, wenn sie mit Pollenstaub behaftet sind, diesen zügig an die Narben abgeben. Und da die Narben auf den Höckern sitzen, empfiehlt es sich, diese trittsicher und rutschfest zu machen. Doch es braucht mehr: Wenn die kleinen Fliegen zu schnell schlappmachen, wäre das fatal für das Bestäubungsgeschäft.

Die entkräfteten Gefangenen wissen nicht, wie ihnen geschieht: Plötzlich quellen Nektartropfen aus den Höckerspitzen. Eine wundersame Speisung, die sie wieder munter macht – und ihnen Kräfte verleiht. Für alles, was da noch kommen wird in dieser Nacht.

Der Aronstab bereitet einen Wechsel vor. Seine Narben sind bestäubt. Er hat sein Soll als Weibchen erfüllt; jetzt kann er zur männlichen Phase überwechseln. Zügig bildet er seine Narben zurück und schickt sich an, seinen Pollen auf den Weg zu bringen.

Für die Gefangenen hat sich die Lage verbessert. Sie sind beruhigt und gestärkt. Da bricht es wie ein Unwetter über sie herein. Es regnet gelben Staub. Nirgendwo ein Dach. Unmöglich, sich zu schützen. Weiter oben im Kessel ist eine massive Wolke aus Staubbeuteln aufgeplatzt und gibt den Pollen frei. Der Niederschlag heftet sich an Flügel und Körperhaare. Er schneit auf die Augen. Und die Beine waten durch gelben Staub. Die Lage ist nicht rosig.

Der Aronstab hat seine männliche Potenz gezeigt. Doch noch ist der Pollenstaub nicht beim anderen Geschlecht. Es wird Zeit, denn der nächste Tag beginnt bereits.

Die Schmetterlingsmücken im Kesselgrund putzen sich unermüdlich – ohne allzu großen Erfolg. Der Staubregen hat aufgehört, auch der angenehme Fäkaliengeruch ist verduftet. Und noch etwas verändert sich: Die Kesselwände werden zusehends rau und schrumpelig. Schon steigen die ersten Mücken nach oben. Mühelos, dem Morgenlicht entgegen. Die Nacht im Wiesenknast ist vergessen. Abheben. Über den Waldrand schwirren und nach duftenden Fäkalien suchen. Warum nicht dort vorne, bei diesem bräunlichen Kolben, der sich so warm empfiehlt? Und so vielversprechend riecht? Doch schon die Landung verläuft nicht glatt – oder zu glatt... Im Kessel ist alles vorbereitet für die Ankunft der Pollenfracht.

Der Aronstab nutzt die Geruchsorientierung der Abortfliegen für seine Zwecke; er führt sie buchstäblich an der Nase herum. Wir halten Lüge, Täuschung und Betrug zwar gerne für typisch menschliche Machenschaften, doch die Natur hat sie lange vor uns entwickelt. Überall, wo Signale eingesetzt werden, um etwas mitzuteilen, besteht die Gefahr, dass diese Signale von anderen missbraucht werden. Da sind Lüge oder falsche Versprechungen nicht weit.

Das kennen wir vor allem aus der Tierwelt. Wespen oder Hornissen signalisieren ihre Gefährlichkeit durch schwarzgelbe Streifen. Das bewahrt sie vor überhasteten Attacken – durch Vogelschnäbel oder Menschenhände. Und wer immer sich eine derartige schwarz-gelbe Warnfärbung zulegt, kann davon profitieren. Zum Beispiel die Schwebfliege, die völlig harmlos und stachelfrei ist, aber sich durch ihre optische Falschmeldung bei vielen Respekt verschafft.

Die falsche Klapperschlange, die ihr echtes Vorbild imitiert – einschließlich des akustischen Rasselsignals –, ist uns schon in Utah begegnet. Und ebenso wie Farbmuster oder Töne können auch alle anderen Signale zur Täuschung eingesetzt werden. Etwa Berührungsreize – wenn der Glanzkäfer sich unter Ameisen mischt und sie in »Fühlersprache« um Futter anbettelt. Oder Bewegungsabläufe – wenn ein kleiner Raubfisch den typischen Tanz der Putzerfische aufführt, obwohl er gar nicht putzen, sondern zubeißen möchte. Die Beispiele für Mimikry füllen ganze Bücher – bis hin zu Insekten, die als »wandelnde Blätter« sogar Fraßstellen und Pilzbefall vortäuschen und selbst für uns von echten Blättern kaum zu unterscheiden sind.

Doch die wahren Meister der Irreführung finden sich meiner Meinung nach im Pflanzenreich: Blumen, die sich als Tiere ausgeben. Täuschend echt. Und erfolgreich.

Verführungskünste auf Mallorca

Wir haben uns im Hotel »Playa Esperanza« auf der Ferieninsel Mallorca einquartiert. Unsere Kameras, Stativköcher und Alu-Boxen lassen keinen Zweifel daran, dass wir keine Feriengäste sind. Eine freundliche Touristin mustert unser Gepäck: »Darf ich fragen, was Sie hier filmen wollen?« Noch ehe ich antworten kann, schlendert ein Pärchen heran: »Machen Sie Fernsehen?« »Kann ich auch ins Feanseen?«, ruft ein anderer dazwischen. Als dann auch noch die Frage auftaucht, wann das denn ins »Feanseen« komme, hilft nur die Flucht nach vorn. Wir machen uns den Spaß, wahrheitsgemäß zu antworten, und erklären mit dem nötigen Ernst, dass wir die Hintergründe einer raffinierten Betrugsaffäre aufklären wollten. Es gehe um falsche Sexversprechen. Die Geprellten würden überdies missbraucht und ausgebeutet. Zum Schluss weise ich noch auf Professor Francke aus unserem Team hin, der freundlicherweise die Spurensicherung übernommen habe. Mehr könnten wir verständlicherweise hier nicht preisgeben.

Zwei Stunden später kauern wir, ein paar hundert Meter abseits der Straße, in einer Wiese und beobachten die kleine Orchidee, der die geschilderten Sexualdelikte nachgesagt werden. Die blühende Spiegelragwurz fällt sofort ins Auge: himmelblaue Lippe, von einem rötlichen Haarkranz umgeben; dazu senkrecht abstehende Stummelchen. Sie sieht so gar nicht nach Standardblüte aus.

Karlheinz Baumann, der lemmingerprobte Kameramann, hat uns hierhergeführt; er kennt den Standort seit Langem. Und er ist gut gelaunt. Er habe die ersten schon fliegen sehen, verkündet er zuversichtlich und meint damit die ersten Dolchwespen, die jetzt Ende März aus dem Boden kommen.

Wittko Francke, unser Mann für die Spurensicherung, checkt seinen chemischen Ambulanzkoffer – eine Art Feldlabor im Bonsaiformat, mit Glaskolben, Schläuchen, Klemmen und sogar einer kleinen Pumpe. Wittko ist Professor für Naturstoffchemie an der Universität Hamburg und hat sich auf dem Gebiet der chemischen Signalstoffe international einen Ruf erworben. Er kann selbst den Hauch eines Nichts noch aufspüren und chemisch entschlüsseln. Wir sollten es erleben.

Karlheinz' Kamera beginnt zu surren. Ein sicheres Zeichen, dass sich etwas tut. Und tatsächlich: Unsere Spiegelragwurz bekommt Besuch. Eine Dolchwespe landet zielsicher auf der blauen Lippe und beginnt sich zurechtzuruckeln, als ob sie nach der richtigen Position suchte. Und jetzt ist eine gewisse Ähnlichkeit nicht zu übersehen. Wespe und Blüte sind von gleicher Größe, ähnlicher Gestalt, beide rötlich behaart und ... Aber schon schwirrt die nächste Wespe heran, versucht, die erste wegzudrängen. Eine dritte beginnt mitzumischen. Und schließlich ist die ganze Blüte von einem Knäuel aus sich rangelnden und rempelnden Wespen verdeckt. Hier scheint es um mehr als um Nektar zu gehen (Abb. 62).

Jetzt bin ich mal dran, murmelt Wittko und wedelt die Wespen beiseite. Dann holt er eine Glasglocke aus seinem Koffer und stülpt sie über die Orchidee. Es geht ihm darum, den Geruch der Blüte aufzufangen, denn dieser Duft – das legen frühere Untersuchungen nahe – scheint der Hauptgrund für den ganzen Wespenauflauf zu sein. Wittko setzt auf die bewährte Freilandtechnik: Er saugt die Luft um die Blüte ab und schickt sie durch ein Filterröhrchen, wo sich die Duftstoffe ansammeln. Leise surrt die Pumpe vor sich hin (Abb. 63).

Aber wir sind beileibe nicht die Ersten, die sich mit dieser merkwürdigen Affäre zwischen Dolchwespen und Spiegelragwurz befassen. Den Anfang hat vor hundert Jahren ein

Abb. 62: Zwei Dolchwespen streiten sich um das falsche Weibchen. Die Blüte der Spiegelorchidee verführt durch ihr Aussehen und ihren Duft.

gewisser Monsieur Pouyanne gemacht. Er war Richter am Appellationsgericht in Algier und scheint seinen juristischen Scharfsinn auch außerhalb des Gerichtssaals eingesetzt zu haben. Denn die Spiegelragwurz, eine besondere Orchideenart, die er bei seinen Spaziergängen entdeckte, erregte rasch seinen Verdacht. Warum, so fragte er sich, sehen diese Blüten so wespenähnlich aus? Und warum sind die echten Wespen – und zwar ausschließlich männliche Wespen – so verrückt nach diesen Blüten?

Einmal mehr zeigte sich, dass Quereinsteiger mit ihrem unverstellten Blick neue Perspektiven eröffnen können. Richter Pouyanne hielt sich an die erprobte Devise, die sich auch bei seinen anderen Fällen empfahl: »Cherchez la femme!« So fand er bald heraus, dass die Spiegelragwurz vorgibt, ein Wespenweibchen zu sein, und auf diese Weise die Männchen zu Begattungsversuchen verführt. Und weil Pouyanne es gewohnt war, nach Motiven zu fragen, suchte er nach dem Nutzen, den die Orchidee daraus ziehen könnte. Auch da wurde er fündig. Viele Wespenmännchen, die schließlich genug von ihrem falschen Weibchen hatten, waren gezeichnet: Sie trugen zwei auffällige gelbe Pollenpakete auf dem Kopf, die sie sich bei ihren sexuellen Bemühungen eingefangen hatten. Damit war für Pouyanne der Sachverhalt klar: Die Spiegelorchidee bietet falschen Sex an, um damit ihre eigene Bestäubung, das heißt die eigene Fortpflanzung, voranzubringen. Ein eindeutiger Fall von betrügerischem Heiratsschwindel, und vielleicht hätte Richter Pouyanne ihn in einem juristischen Fachjournal publizieren sollen. Als er nämlich im Jahr 1916 seine Beobachtungen in der »Zeitschrift der französischen Gesellschaft für Gartenbau« publizierte, wurde er von niemandem ernst genommen. Orchideen, die sich als Sexpartner für Insekten an-

Abb. 63 a: Professor Wittko Francke will den Orchideenduft entschlüsseln.

Abb. 63 b: Ein verführerisches Parfüm strömt in das Glas über der Blüte.

böten – ein solcher Gedanke spreche wohl nur für die schmutzige Fantasie des Beobachters. Man müsse vielmehr davon ausgehen, dass die Wespenblüten durch ihr Aussehen Weidetiere abschrecken wollten.

Sechzig Jahre vergingen, bis sich ein renommierter Biologe der Sache annahm. Bertil Kullenberg aus Schweden bestätigte in den Siebzigerjahren Pouyannes »Obszönitäten« auf der ganzen Linie. Mit Experimenten, Beweisfotos und Filmaufnahmen konnte er nachweisen, dass die Spiegelorchidee ihre Bestäuber auf allen Sinnesebenen hinters Licht führt. Nicht nur ihr Aussehen täuscht die Wespenmännchen, auch ihre Härchen und die Elastizität der Blütenlippe vermitteln das richtige Paarungsgefühl. Und nicht zuletzt ist es der Orchideenduft, der die Männchen von weit her anlockt und erregt. Alles spricht dafür, dass die Spiegelragwurz auch den Geruch des Weibchens imitiert. Allerdings konnte Bertil Kullenberg nie herausfinden, um welche Duftstoffe es sich eigentlich handelt und wie genau die Blüte ihn nachahmt. Und hier kommt Wittko ins Spiel.

Ich hatte einen Termin mit ihm in Hamburg vereinbart, im Chemischen Institut am Martin-Luther-King-Platz. Ausnahmsweise war ich sogar pünktlich – einen Prof. Dr. Dr. h.c. mult. Wittko Francke lässt man nicht warten. Allzu große Hoffnungen machte ich mir allerdings nicht. Es war doch reichlich naiv zu glauben, man könne einfach in die Universität marschieren und einen viel beschäftigten, viel gefragten Wissenschaftler für irgendeinen obskuren Orchideenduft begeistern.

Doch als ich Professor Wittko Francke gegenübersaß, waren alle Bedenken wie weggeblasen. Er war viel jünger, als ich erwartet hatte, strahlte geradezu ansteckende Energie und Wachheit aus – und wirkte doch entspannt: keinerlei Anzeichen, dass er Wichtigeres und Dringlicheres zu tun habe (was er zweifellos hatte). Konzentriert und voller Interesse hörte er sich meine Geschichte an. Dass wir für eine TV-Dokumentation gerne Klarheit über den Duft der Spiegelragwurz hätten, dass wir einen Standort auf Mallorca im Blick hätten und ob er nicht...

Ja, er kenne die Pouyanne'sche Mimikry, sagte Wittko Francke schließlich. Es sei auch wirklich überfällig, dass jemand den Duftstoff von *Ophrys speculum*, der Spiegelorchidee, analysiere... er sei auch persönlich interessiert... es falle durchaus in sein Fachgebiet... aber er sei einfach zu beschäftigt mit anderen Dingen.

Natürlich war ich enttäuscht. Aber nicht geknickt. Ich hatte ein gutes Gespräch gehabt, einen sympathischen Menschen kennengelernt, und immerhin schien die Frage nach dem Signalstoff nicht ganz daneben oder wissenschaftlich uninteressant zu sein.

Wir waren schon aufgestanden, als ich nach anderen Chemikern fragte, nach Kollegen, die ich vielleicht angehen könne. Zum ersten Mal gönnte sich Professor Francke eine längere Pause. Das sei nicht ganz einfach, meinte er dann zögernd, die anerkannte Autorität auf diesem Gebiet sei ein gewisser Bertil Kullenberg in Schweden, der bereits seit längerer Zeit mit den Chemikern Gunnar Bergström und Anna-Karin Borg-Karlson an diesem Problem arbeite. Und die seien alle ungewöhnlich nette, charmante, sympathische Kollegen. Niemand wolle ihnen auf diesem Gebiet in die Quere kommen.

Jetzt war es an mir mit einer längeren Pause. Bertil Kullenberg und seine Mannschaft unantastbar? Das wollte mir nicht recht einleuchten. Ich hakte nach, ob es denn wirklich niemanden gebe, der in einen fairen Wettstreit mit den schwedischen Kollegen treten könne, ohne deren Zorn auf sich zu ziehen? Wittko Franckes Antwort bestand nur aus zwei Worten: »Doch. Ich.« Aber dann lieferte er die Erklärung nach: »Weil ich mit denen gut befreundet bin und die das nicht als Kampfansage auffassen werden.«

Die Superweibchen

Karlheinz holt mich abrupt in die Gegenwart zurück. Er kommt herangestürzt, schnappt sich wortlos die Kamera. Noch im Laufen verkürzt er die Stativbeine. Stolpert fast über seine eigenen Beine. Offensichtlich hat er es eilig. Als ich bei ihm bin, schaut er bereits durch den Sucher und flüstert: »Ein Weibchen, die Weibchen kommen.«

Die Dolchwespen (der Art *Campsoscolia ciliata*, wer es genau wissen möchte) schlüpfen Ende März aus ihrem Kokon im Erdboden und arbeiten sich nach oben. Die Männchen sind ein paar Tage früher dran. Kaum haben sie das Tageslicht erreicht, starten sie zum Zickzacksuchflug nach Weibchen. Ein paar Handbreit über dem Boden scannen sie die Wiese ab. Es ist die große Zeit der Spiegelorchideen, denn in Ermangelung echter Weibchen sind sie konkurrenzlos umschwärmt (Abb. 64).

Doch jetzt folgen die Weibchen nach. Das erste hat sich ge-

Abb. 64: Zwei Wespenmännchen fühlen sich angezogen. Sie sind auf ihre Fortpflanzung aus – und befördern lediglich die Fortpflanzung der Orchidee.

rade aus der Erde gequält. Man könne es leicht an seinen kurzen Fühlern erkennen, erklärt mir Karlheinz, ohne von der Kamera aufzusehen. Aber für die Männchen zähle vor allem der besondere Geruch.

Zum ersten Mal an der freien Luft, streicht das Weibchen seine schimmernden Flügel glatt, und für einen Augenblick spiegeln sie das Blau des Himmels wider. Die Ähnlichkeit zur blauen Lippe der Spiegelorchidee ist sicher kein Zufall. Und das ist nicht alles. Wie vorhin bei unserer Blüte stürzt ein Männchen aus seiner Suchflughöhe herab und macht sich über das Weibchen her. Schon bald gefolgt von Nebenbuhlern, die ebenfalls zum Zuge kommen wollen. Das Déjà-vu-Erlebnis ist perfekt: Ein Knäuel von Dolchwespen rauft sich um das gerade erst aufgetauchte Weibchen.

Dem nächsten Wespenweibchen ersparen wir den Männeransturm und bringen es vorher zu Wittko, damit auch er den typisch weiblichen Geruch auffangen kann. Die Spurensicherung läuft. Die Auswertung wird später im Hamburger Labor erfolgen.

Mehr und mehr Wespenweibchen bahnen sich den Weg ins Freie – und setzen damit dem Heiratsschwindel der Orchideen ein Ende. So zumindest steht es in Fachbüchern und auf den einschlägigen Internet-Seiten. Gegen das Original könnten die Blüten nicht ankommen, heißt es dort. Tatsache ist, dass sie einen Vergleich nicht zu scheuen brauchen. Im Gegenteil, die Blüten duften stärker und sind verführerischer. Im direkten Wahlversuch stechen sie die echten Weibchen sogar aus. Dann spielt es keine Rolle, dass die Nachahmung für unsere Augen eher grob ausfällt. Die Blüten scheinen so etwas wie Superweibchen oder Überattrappen zu sein, deren weibliche Reize ganz besonders ausgestaltet und überhöht sind.

Karlheinz hat sein Endoskopobjektiv jetzt ganz nahe und auf gleiche Höhe mit einer Ragwurzblüte gebracht. Auf dem Bildschirm können wir detailliert die Erlebnisse des Besuchers verfolgen, der eben zur Landung ansetzt. Er nimmt auf der Lippe Platz. Der »Strich« der Haare zeigt ihm, dass er richtig liegt. Dabei stößt er vorne mit dem Kopf gegen eine Barriere, während er hinten versucht, die Kopulation zu erreichen – ziemlich hektisch und mit ausgefahrenem Geschlechtsapparat. Weil aber die letzte Passung in der Blüte fehlt, bleibt dieser Akt unvollendet und – zumindest für die Wespe – auch unbefriedigend.

Ich will mich nicht zu sehr in den Einzelheiten dieser intimen Begegnung verlieren, aber es ist kein Zufall, dass die Spiegelorchidee ihren männlichen Besuchern den sexuellen Abschluss vorenthält. Sie sollen auch weiterhin in Paarungsstimmung bleiben. Das ist Teil der Pflanzenstrategie. Denn in dieser »angetörnten« Verfassung werden die Männchen ihren Suchflug fortsetzen und nach dem nächsten Superweibchen Ausschau halten.

Auch das Wespenmännchen vor Karlheinz' Kamera hat genug von der vergeblichen Liebesmüh und gibt auf. Es zieht sich aus der Blüte zurück. Und dabei zieht es auch zwei gestielte Pollenpakete aus einem Blütenfach. Sie wurden angeklebt, als der Kopf gegen die Barriere in der Blüte drückte, und jetzt ragen sie wie teuflische Hörner in die Höhe. Die Wespen scheint es nicht zu stören.

Aber die Blütenbiologen hat es gestört. Ganz erheblich sogar. Denn in dieser Position ist es ausgeschlossen, dass die Pollinien, wie die Pollenpakete genannt werden, auf die Narbe einer anderen Spiegelorchidee treffen. Dazu müssten sie nach vorne und nicht nach oben zeigen. Irgendetwas konnte da nicht stimmen. Das Rätsel löste sich, als man bei den Pollinien ein Eigenleben entdeckte. Ihre Stiele neigen sich aus eigener Kraft nach vorne. Innerhalb von zwei Minuten nach der Entnahme krümmen sie sich wie ein Zeigefinger – und jetzt treffen sie zielgenau das Narbengebiet. Nichts scheint unmöglich für diese Orchideen (Abb. 65).

Abb. 65: Die beiden gestielten Pollenpakete (Pollinien) auf dem Kopf der Wespe haben sich nach vorn geneigt.

Wahrlich viel Einsatz und Imitationskunst ist nötig, damit Bienen oder Wespen auf einen Heiratsschwindel hereinfallen. Aber die Ragwurzorchideen erreichen damit, dass sie exklusiv von nur einer Insektenart bestäubt werden. Sie haben ihren ganz privaten Kurierdienst für Pollenpakete. Zielgenaue Abholung und Lieferung garantiert. Und die Bezahlung der Kuriere entfällt ohnehin; sie werden durch andere Mittel bei Lust und Laune gehalten. Zum Beispiel durch den unwiderstehlichen Duft. Wie genau deckt er sich mit dem echten Weibchenduft? Das war ja die Frage, die uns zu Wittko geführt hatte – und die eine dicke Überraschung nach sich ziehen sollte.

Wittkos Labor in Hamburg ist auf dem neuesten Stand. Mit allerlei Geräten, die Respekt einflößend klingen – wie Gaschromatografen, Flammenionisationsdetektoren oder Massenspektrometer. Und es dauert nicht lange, dann hat Wittko den Duftcode der Spiegelorchidee und des Wespenweibchens untersucht. Auf dem Computerbildschirm erscheint eine Abfolge unterschiedlich hoher Spitzen und Zacken. Sie zeigen die chemischen Bestandteile an – eine Art Fingerabdruck des Duftes.

Und natürlich hoffen wir, dass die Fingerabdrücke von Blüten- und Weibchenduft ähnlich ausfallen.

Das tun sie auch – in überzeugender Weise. Über hundertdreißig chemische Verbindungen kommen in beiden Duftmischungen vor. Die chemischen Fingerabdrücke decken sich weitgehend. Was will man mehr? Die Orchidee scheint wirklich wie ein Wespenweibchen zu riechen. Trotzdem wirkt Wittko merkwürdig zurückhaltend und irgendwie enttäuscht. Chemisch enttäuscht, könnte man sagen. Denn die übereinstimmenden Substanzen seien »eher langweilig« – nur Kohlenwasserstoffe, also irgendwelche Ketten oder Ringe aus simplen Kohlenstoff- und Wasserstoffatomen. Wittkos chemischer Instinkt hatte etwas Raffinierteres erwartet. Irgendeine seltene, interessante Substanz. Und sein »Riecher« sollte sich bestätigen…

Ein Test zeigt nämlich, dass auch die Wespenmännchen das Gemisch aus Kohlenwasserstoffen »eher langweilig« finden: von sexueller Erregung keine Spur. Mit anderen Worten: Die Hauptbestandteile des Duftes liegen vor, sie stimmen auch gut überein, aber für die Männchen ist es trotzdem kein typischer Weibchenduft. Seltsam. Da muss noch etwas anderes mit im Spiel sein.

Wittko hat Feuer gefangen. Er ruft ein »Ragwurzteam« ins Leben. Gemeinsam mit Spezialisten der Universitäten Wien und Lund rollt er den ganzen Fall nochmals auf. Eine entscheidende Neuerung soll helfen. Jetzt wird bei jedem Zacken des Fingerabdrucks überprüft, ob die Wespenmännchen darauf ansprechen. Ob ihre Geruchsfühler auf diese Komponente auch wirklich reagieren. Dazu leitet man die Substanz im Luftstrom über einen Wespenfühler und stellt fest, ob sie elektrische Nervensignale auslöst. Nur dann kann das Männchen die Duftkomponente überhaupt wahrnehmen. Bleibt der Geruchsfühler dagegen »stumm«, trägt diese Zacke auch nichts zum erregenden Weibchenduft bei.

Der neuartige Fühlertest bestätigt, dass die großen Kohlenwasserstoffzacken, also die Hauptbestandteile des Duftes, von den Männchen gar nicht wahrgenommen werden; ihre Geruchsantennen bleiben stumm. Aber der Test zeigt noch etwas, und das versetzt alle in Aufregung: Bei einer bestimmten Stelle des Fingerabdrucks geben die Geruchsfühler ein Feuerwerk elektrischer Signale ab – obwohl dort gar kein Ausschlag zu sehen ist. Zunächst jedenfalls. Erst bei extremer Vergrößerung erscheint eine kleine Zacke. Es muss sich also um eine Substanz handeln, die nur in winzigsten Mengen vertreten ist – so winzig, dass sie neben den mächtigen Zacken der Kohlenwasserstoffe nicht zu entdecken ist. Aber genau darauf spricht das Wespenmännchen an.

Das sei wie ein Furz neben dem Gestank einer Kläranlage, entfährt es Wittko, ein Verhältnis von etwa eins zu einer Million. Aber dieser Hauch von einem Nichts sei verantwortlich für die gesamte Duftmimikry zwischen Spiegelragwurz und Dolchwespen. Ein Gemisch aus 9-Ketodecansäure und 9-Hydroxydecansäure – was Wittko so leicht über die Lippen kommt wie »Milch und Kaffee«. Ein ausgefallener Eigengeruch, den Orchidee wie Wespenweibchen produzieren. In minimalen Mengen, aber höchst wirkungsvoll. Und in absolut identischer Zusammensetzung! In Sachen Duft ist die Nachahmung hundertprozentig perfekt.

Zudem handelt es sich – zu Wittkos Freude – um einen hochinteressanten Stoff. Bis auf unbedeutende chemische Abweichungen ist er identisch mit dem Sexuallockstoff der Bienenkönigin. Die Dolchwespen mussten keine neue chemische Kennung entwickeln, sie konnten sich, wie Wittko es formuliert, »aus dem vorhandenen Pheromonfundus der Bienenartigen bedienen«.

Es gibt über zehntausend Orchideenarten, die ihre Bestäubung durch Täuschung erschleichen. Und laufend kommen neue Tricks ans Tageslicht. Die Breitblättrige Stendelwurz wurde kürzlich dabei ertappt, dass sie den Geruch verletzter

Blätter nachahmt, wie er sonst nur durch fressende Raupen ausgelöst wird. Keine schlechte Idee, denn der Duft zieht räuberische Wespen an, die sich hier ein Raupenmahl versprechen – und stattdessen zur Bestäubung eingespannt werden.

Manche Ragwurzarten teilen sich sogar ein und denselben Pollenkurier und – darin liegt die Raffinesse – sorgen trotzdem dafür, dass die Pakete immer zum richtigen Adressaten kommen. Verwechslung ausgeschlossen. Die beiden Orchideenarten imitieren mit ihrer Blütengestalt die gleiche Sandbiene – jedoch in unterschiedlichen Stellungen. Das eine Mal in Anflugrichtung, das andere Mal genau entgegengesetzt – dann muss das Männchen nach der Landung erst eine Kehrtwende machen, um in Paarungsposition zu kommen. Ergebnis: Die eine Blüte klebt ihre Pollinien vorne an, die andere hinten. Eine Orchidee nutzt den Kopf; die andere den Hinterleib. So kommt man sich nicht in die Quere. Aber so manche Sandbiene hat die doppelte Pollenbürde zu schleppen.

Ragwurzorchideen halten offensichtlich zäh an »ihrem« Bestäuber fest und nutzen die Vorteile eines exklusiven Kurierdienstes. Doch die clevere Strategie hat eine Kehrseite: Wenn die Insektenkuriere ausbleiben – vielleicht weil sie zu selten geworden oder gar ausgestorben sind –, dann sind auch die Orchideen mit ihrem Fortpflanzungslatein am Ende. So sollte man glauben. Tatsächlich hat so manche Ragwurz auch für diesen Notfall noch eine Notlösung parat. Bevor sie ganz auf Nachwuchs verzichtet, handelt sie gegen den Trend der Natur und macht es selbst. Dann treten die Pollinien eigenmächtig aus ihrem Blütenfach und krümmen sich weit nach unten. Es wirkt fast so angestrengt wie bei uns, wenn wir mit den Fingerspitzen den Boden berühren wollen. Die Pollinien wollen die eigene Narbe berühren. Selbstbestäubung. Orchideen haben Ideen.

Manchmal kommt es mir unheimlich, geradezu beängstigend vor, welche Fantasie in der Familie der Orchideen blüht.

Als könnten sie ihre Blüten nach Belieben gestalten. Die einen sehen aus wie behaarte Insekten, andere wie kleine Frauenschuhe und manche sogar wie Geräte auf dem Abenteuerspielplatz. Gongorablüten zum Beispiel. Sie fordern die Besucher auf, sich möglichst lange kopfüber festzuhalten. Je länger sie es schaffen, umso mehr kostbare Rohstoffe können sie einsammeln. Aber einfach ist es nicht. Alle Griffe sind schlüpfrig. Früher oder später stürzt jeder ab. Und landet – nach kurzem Schock – rücklings und unverletzt auf einer federnden Unterlage. Ein Abenteuer zum Jauchzen.

Natürlich hat die Gongoraorchidee das nicht zum Spaß entwickelt. Das »Spielgerät« dient der Bestäubung: Beim Aufprall bekommen die Insektenbesucher Pollinien auf den Rücken geklebt (Abb. 66).

Abb. 66: Eine Schmuckbiene mit Pollinien auf dem Rücken hängt kopfüber in einer Gongorablüte. Bald wird sie in die federnde Auffangrinne stürzen und die Orchidee dabei bestäuben.

Aber die beunruhigende Frage bleibt: Wie können sich Orchideen so komplexe, raffinierte und originelle Konstruktionen überhaupt »ausdenken«? Was haben Orchideen, was andere Blumen nicht haben? Lilien oder Tulpen zum Beispiel, ihre nächsten Verwandten? Man kann darüber nur spekulieren, aber kürzlich wurde an der Universität Jena eine Art Sonderausstattung der Orchideen entdeckt. »Normale« Blumen besitzen nur ein einziges Kontrollgen, das die Blütenentwicklung steuert; bei den Orchideen sind es gleich vier. Mag sein, dass hierin der tiefere Grund dafür liegt, weshalb ihre Blüten scheinbar beliebig Farben, Formen oder Materialien hervorzaubern können. Wer auf einer Klaviatur mit der vierfachen Anzahl von Tönen spielt, hat wesentlich mehr Möglichkeiten zu Variationen. Und jede Ausschmückung, die auch nur einen Bestäuber mehr anzieht, ist ein Schritt in die richtige Richtung.

Doch selbst wenn sich uns der genetische Hintergrund erschließen sollte: Der Einfallsreichtum, den die Natur bei den Orchideen zur Schau stellt, bleibt atemberaubend und wunderbar.

KAPITEL 8

Verständigung: Die Sprache der Pflanzen

Die mit den Pflanzen reden

Laut einer Emnid-Umfrage aus dem Jahr 2008 redet die Hälfte aller Deutschen mit ihren Pflanzen. Was die Rosen oder Geranien da zu hören bekommen, wurde im Einzelnen nicht aufgeführt. Aber es zeigt jedenfalls, dass die grünen Mitwesen eine gewisse Achtung genießen, dass man sie einer Ansprache und Kontaktaufnahme wert hält. Ist das nur eine Marotte, vornehmlich von Frauen, die mit dreiundsechzig Prozent vertreten sind – oder steckt mehr dahinter?

Wir reden liebevoll mit Neugeborenen, wir reden mit Hunden, Katzen und Vögeln. Manche reden sogar mit ihrem Auto – Na komm schon! –, wenn es nicht anspringen will. Warum nicht mit Pflanzen sprechen? Der Unterschied scheint auf der Hand zu liegen: Tiere, zumindest unsere Haustiere, reagieren, wenn wir sie ansprechen. Manche horchen nur auf. Andere gehorchen sogar. Auf jeden Fall verpuffen unsere Worte nicht im Leeren.

Doch bei Pflanzen sei das ähnlich, sagen viele, die mit dem sprichwörtlichen »grünen Daumen« gesegnet sind. Die Antwort der Pflanzen sei nur langsamer und – na ja, pflanzengemäßer. Sie reagierten durch schöneres Aussehen, verbesserte Gesundheit oder stärkeres Wachstum. Kurzum, sie blühen und gedeihen; das sei ihre Antwort auf liebevolle Ansprachen.

Hinter solchen Aussagen (auf die ich noch zurückkomme) steht unausgesprochen die Annahme, dass Pflanzen in der Lage sind, Töne und Laute – also rasche Luftdruckschwankungen zwischen 200 und 2000 Hertz – wahrzunehmen. Aber können Pflanzen überhaupt hören?

Das Thema ist populär. Immer wieder taucht es im Fernsehen auf, wird von Schülergruppen aufgegriffen, in Internet-Foren und Zeitschriften diskutiert. Vor allem die Frage, ob Pflanzen auf Musik reagieren, ist seit Jahrzehnten ein »Dauerbrenner«. Vermutlich deshalb, weil es – überraschenderweise – bis heute keine einfache und schlüssige Antwort gibt. Auch wissenschaftliche Experimente fielen widersprüchlich aus. Erbsenpflanzen sollen bei Musik oder schnarrenden Geräuschen kräftiger wachsen, die Studentenblumen Tagetes hingegen erwiesen sich als taub gegenüber jeglicher Art von Musik – von Klassik bis Hardrock. Auch in der Wissenschaftssendung »Quarks & Co« zeigten Sonnenblumen unter Musikbeschallung keine Veränderung ihrer Fotosynthese oder Duftproduktion. Andererseits scheint es erwiesen, dass Musik bei einer Reihe von Pflanzen, wie Erbsen oder Zucchini, die Keimung fördert. Auch alte Samenkörner, die sich nicht mehr rührten, wurden unter den Klängen der Musik wieder wach und begannen zu keimen.

Die Ausgangslage ist also ziemlich verworren – ein Grund mehr, dass das Thema aktuell und offen bleibt. Für »Jugend forscht«-Wettbewerbe etwa oder für Alternativmethoden in der Landwirtschaft.

Der Bio-Winzer Jean Marie Zerr im Elsass gibt seinen Reben jeden Tag Musik zu hören. Von einem Lautsprechermasten lässt er Mozart oder Brahms ertönen. Als Frühkonzert bis elf Uhr morgens. Als Abendmusik von sechzehn Uhr bis Sonnenuntergang. Jean Marie Zerr ist alles andere als ein Wichtigtuer oder Provokateur. Eher schüchtern und zurückhaltend berichtet er, dass sich der Geschmack seiner Reben deutlich verbessert habe – das würden sogar seine skeptischen Nachbarn anerkennen.

Monsieur Zerr ist zudem experimentierfreudig. Neben den wohltönenden Klassikern mutet er seinen Reben auch speziell komponierte Experimentalmusik zu, die besonders anregend auf ihren Stoffwechsel wirke. Damit sei der Zuckergehalt seiner Trauben deutlich gestiegen. Wenn der Erfolg anhalte, wolle er auch seinen Mais und Weizen musikalisch veredeln.

Der Gedanke, dass Pflanzen positiv auf unsere Musik reagieren, ist ebenso romantisch wie verführerisch. Offenbart sich darin nicht etwas vom unfassbaren Wesen der Musik? Musik als übergeordnete Harmonie, die uns mit der großen, wunderbaren Natur verbindet? Musik, die Pflanzen- und Menschenwelt in Einklang miteinander bringt? Die beide stimuliert und neue Kräfte freisetzt?

Dennoch, oder gerade deswegen, bin ich skeptisch, was die lauschenden Tomaten oder Reben angeht.

Riechen statt Hören

Es ist nicht zu bestreiten, dass Pflanzen, wie ihre tierischen Gegenspieler, eine eindrucksvolle Sinnesvielfalt entwickelt haben, um in der Welt zurechtzukommen. Sie orientieren sich an der Schwerkraft; sie reagieren auf Licht und Nährstoffe; sie spüren Wind und Wetter; sie identifizieren ihre Feinde. Kurzum: Pflanzen erkennen, was wichtig für sie ist. Oder wissenschaftlicher ausgedrückt: was relevant für ihre »biologische Fitness« ist – das heißt, was sich direkt oder indirekt auf ihre Nachkommenzahl auswirkt.

Aber was sollten sie Wichtiges durch Geräusche oder Töne erfahren? Welche entscheidenden Informationen könnte ihnen der Gesang der Vögel oder das Zirpen der Grillen verraten? Oder meinetwegen der Lärm an der Autobahn? Da kommt mir nichts Schlüssiges in den Sinn – allenfalls vielleicht, dass Pflanzen in der Gezeitenzone vom Rauschen der Wellen auf die kommende Flut hingewiesen werden könnten. Aber für den Lebenskampf gewöhnlicher Pflanzen dürfte die umgebende Klangkulisse belanglos sein. Sie zu hören wäre purer Luxus.

Bei Tieren ist das bekanntlich anders: Für Tiere kann schon ein Rascheln oder Knacken lebensentscheidend sein. Und nicht minder wichtig ist es, die Rufe der Artgenossen zu hören – ihren Gesang, ihr Gegrunze, ihr Gebrüll. So finden Männchen und Weibchen zusammen, so rufen die Mütter ihre Jungen, und so drohen sich die Rivalen. Die Vorteile liegen auf der Hand: Tiere verständigen sich auf Hörweite.

Aber Pflanzen? Sie geben keinen Laut von sich, geräuschlos meistern sie ihr Leben. Wozu also sollten sie groß in ein Gehör investieren? Auch das beste Lauschorgan würde ihnen nichts über ihre Nachbarpflanzen oder Konkurrenten verraten. Vor diesem Hintergrund habe ich meine Zweifel, dass die Blumen auf der Fensterbank tatsächlich hören, wenn jemand mit ihnen spricht. Vermutlich gedeihen sie deshalb so besonders, weil sie neben guten Worten noch wesentlich mehr an Zuwendung bekommen. Hinter dem berühmten »grünen Daumen« verbirgt sich – bewusst oder unbewusst – meist ein bewundernswertes Einfühlungsvermögen in das, was Pflanzen brauchen. Dann bekommen sie ihr Wasser regelmäßig und schlückchenweise, dann werden sie im richtigen Abstand in geeigneter Erde zu den passenden Nachbarn gepflanzt usw. Wer mit seinen Pflanzen redet, offenbart damit, dass er sich auf sie einlässt und in ihnen komplexe Lebewesen sieht, die nicht einfach roboterhaft draufloswachsen, sobald sie mit Wasser betankt werden.

Es spricht wenig dafür, dass das Gehör der Pflanzen, wenn sie denn eines haben, in ihrem Leben eine große Rolle spielt. Sie setzen nicht auf Geräusche, sondern auf Gerüche. Mit duftenden Blüten rufen sie nach Bestäubern. Mit abweisenden

Gerüchen halten sie hungrige Insekten fern. Mit Alarmgerüchen geben sie den Feinden ihrer Feinde Bescheid. Pflanzen sind Meister der Duftproduktion, und der Schluss liegt nahe, dass sie auch umgekehrt Meister im Riechen sind. Dann könnten sie Verbindung miteinander aufnehmen; dann könnten sie erfahren, was die anderen Gewächse treiben und von sich geben. Und sie könnten sich direkt etwas »zurufen« – in blumig duftenden »Worten«.

Das schönste Beispiel für einen solchen »Zuruf« haben uns zwei benachbarte Limabohnen in Mexiko geliefert. Die eine Bohnenpflanze wird angegriffen und stößt einen Duft-»Schrei« aus; die andere versteht ihn als Warnung – und reagiert entsprechend: Sie sieht sich vor und wappnet sich.

Das »riecht« zugegebenermaßen ziemlich stark nach Fabel und Märchen. Als wäre die Limabohne eine gute, edle Pflanze, die selbstlos an ihre Nachbarn denkt und sie warnt. Wie viel ist dran an diesem Bild? Wir werden es noch genauer unter die Lupe nehmen. Hier zunächst einmal die Fakten und Beobachtungen.

Bohnengeflüster

Eine Palme am Wegesrand – nichts Ungewöhnliches für Mexiko. Aber zwischen den Blattfächern baumeln hellgrüne Früchte, die jedes Kind als Bohnenschoten erkennen würde. Sie zeigen überdeutlich, dass die Palme als Klettergerüst für eine wilde Bohnenpflanze herhalten muss. Sie windet sich nach oben, schwingt sich von einem Palmblatt zum nächsten und gewinnt spielerisch, wie es scheint, an Höhe. Noch wirken die Ranken wie eine elegante Verzierung, doch Limabohnen sind aggressive Kletterpflanzen. In wenigen Jahren schon könnte die Palme komplett unter einem Mantel von Bohnenblattwerk verschwunden sein – so wie die total überwachse-

Abb. 67: Baumallee bei Puerto Escondido in Mexiko. Kletterpflanzen wie die Limabohne haben daraus einen grünen Tunnel gemacht.

nen Bäume und Büsche, die uns Martin Heil ein paar hundert Meter weiter als »Bohnenopfer« vorstellt (Abb. 67).

Der Botanikprofessor hat sich ja schon als Akazienexperte auf der Kuhwiese hervorgetan, hat seine Haut für die satanische Ameisenwache hingehalten. Jetzt – ein halbes Jahr später – inspiziert er mit uns die haushohe grüne Wand aus Bohnenranken. Alles überwuchernd haben sie den Kampf ums Licht gewonnen. Kein Zweifel, Limabohnen verstehen es, sich durchzusetzen.

Auch in den Medien. Wenn von außergewöhnlichen pflanzlichen Fähigkeiten die Rede ist, scheint kein Weg an der Limabohne vorbeizuführen. Sie hat es in unzählige Zeitungsartikel, Publikationen und Internet-Berichte geschafft und ist zu einem Vorzeigeobjekt der Pflanzenforschung geworden.

Doch nicht, weil sie eine Art Genie unter den Kletterpflanzen wäre, sondern weil sie, ähnlich wie der Wilde Tabak, seit Jahrzehnten wissenschaftlich beobachtet und beackert wird. Je intensiver eine Pflanze erforscht wird, umso besser lassen sich neue Ergebnisse einordnen und umso mehr Kollegen gibt es, mit denen man darüber diskutieren und wetteifern kann. Martin Heil gehört zweifellos dazu; er zeichnet für einige brandneue Entdeckungen verantwortlich. Er hat das duftende »Blattgeflüster« der Bohnen belauscht und sich sogar eingeschaltet in ihren Dialog – wohl wissend, dass es andere Pflanzen gibt, die genauso kommunikativ veranlagt sind.

Die Limabohne hat Allerweltsblätter, wie unzählige andere Pflanzen auch: herzförmig mit Mittelrippe. Martin gibt uns einen Tipp: Die Mittelrippe verlaufe nicht genau in der Mitte. Daran könne man die Blätter der Limabohne erkennen. Wir sind überrascht über die vielen offenen Wunden der grünen Herzen. Sie sind von Löchern durchbohrt, die Ränder angenagt; manche sind sogar verstümmelt bis auf den Stiel. Bohnenblätter scheinen beliebt zu sein und gut zu schmecken. Und manchmal, auf der schattigen Unterseite, sind die Feinschmecker bei ihrer Verdauungsruhe zu entdecken. Abstruse Tischgenossen: eine borstige Raupe, die aussieht wie eine Flaschenbürste; eine andere ist prall und glatt, als wäre sie aus Plastik. Dagegen wirken die Käfer geradezu fantasielos schlicht – mal runder, mal länglicher, mal dunkler, mal heller. Die meisten sitzen nur friedlich da. Die große Fressattacke beginne erst nachts, wenn es kühler wird, erklärt Martin.

Schon jetzt ist klar, dass die direkte Giftabwehr der Limabohne ziemlich lückenhaft sein muss. Anders wäre die bunte Truppe von Insekten nicht zu erklären. Doch wehrlos ist die Bohne keineswegs. Sie kann Bodentruppen mobilisieren, Luftgeschwader anfordern, und sie verfügt über ein effektives Frühwarnsystem. Ihre Abwehrbemühungen legen tatsächlich eine Beschreibung in militärischen Kategorien nahe. Doch damit soll nicht suggeriert werden, man könne sich bei Militäraktionen irgendwie auf die Natur berufen. Gewiss nicht. Wenn hier von Feinden und Verbündeten, von Truppen, Angriff und Verteidigung die Rede ist, dann geht es immer um Kontrahenten, die nicht wissen, was sie tun. Sie kennen keine Alternativen – und erst recht keine Motive wie Macht, Hass, Vergeltung oder Sich-im-Recht-Fühlen. Dass sie dennoch ähnliche Strategien einsetzen, wie sie auch menschliche Gehirne erfinden, hat allein damit zu tun, dass sich beide Strategien am Erfolg orientieren. Auch einfache Organismen entwickeln im Lauf der Evolution in unzähligen Versuchen und Fehlversuchen erfolgreiche Verhaltensweisen – also Verteidigungsmaßnahmen, die ihre Überlebenschancen erhöhen.

Die Limabohne jedenfalls liefert ein Lehrstück, wie man sich, ohne eigene Waffen einzusetzen, vor überlegenen Feinden schützen kann.

Martin Heil hat einen Bohnenkäfer aufgespürt, der genüsslich an einer Blattrippe nagt. Als Antwort auf die Verletzung entstehe Jasmonsäure, erklärt Martin, dasselbe Verwundungshormon wie beim Wilden Tabak. Doch während der Tabak seine Wurzeln informiert und zur Nikotinproduktion veranlasst, lässt die Bohne ihre Blätter arbeiten. Und zwar deutlich sichtbar. Das ist das Besondere: Die Bohnenblätter zeigen, was sie tun. Man kann ihre Reaktion mit bloßem Auge sehen – wenn man weiß, worauf man zu achten hat.

Martin deutet mit seinem Kugelschreiber auf die Basis eines Bohnenblatts, auf die Stelle, wo es in den Stiel übergeht. Ob wir die beiden »Nebenblättchen« sehen könnten? Tatsächlich stehen hier zwei winzige, nur millimetergroße Blättchen ab – wie kleine Katzenohren, finde ich (Abb. 68). Was ich besser für mich behalten hätte, denn Martin empfiehlt dringend einen Grundkurs in Anatomie für alle, die Nebenblätter nicht von Ohren unterscheiden könnten. In diesen ohrenförmigen (!) Blättchen also sitzen Drüsen, die binnen vierundzwan-

Abb. 68: Erst bei starker Vergrößerung erkennt man die winzigen Nebenblättchen an den Blattstielen der Limabohne. Sie sondern Nektar ab.

zig Stunden Nektar absondern. Ein winziges Tröpfchen, aber wenn die Sonne richtig steht, blitzt es auf. Nicht zu übersehen.

Niemand wird annehmen, dass sich Käfer oder Raupen durch einen plötzlich sprudelnden Nektarquell vertreiben lassen. Im Gegenteil. Doch wer sich an die Akazien auf der Kuhweide erinnert und daran, wie sie ihre wachhabenden Ameisen mit Nektar versorgt haben, der wird fast vermuten, dass auch jetzt wieder Ameisen ins Spiel kommen. Und so ist es. Der Blattnektar der Bohnen ist ein willkommener Fund für Ameisen auf Futtersuche. Sie informieren ihre Kolleginnen, und schon bald eilen sie von Quelle zu Quelle, trinken sich satt oder prüfen, ob die Nebenblättchen schon wieder nachgefüllt sind.

Da kann es gar nicht ausbleiben, dass die wuselnden Insekten auf unseren Bohnenkäfer stoßen – und ihn angreifen. Nicht weil sie ihn als Beute betrachten, sondern weil sie in ihren Futtergründen keine echten oder vermeintlichen Konkurrenten dulden. Sie beißen und belästigen den Fremdling, bis es ihm zu viel wird, bis er sich genervt in die Tiefe stürzt oder schwirrend davonfliegt. Der Nektar zahlt sich aus für die Limabohne. Die Ameisentruppe schlägt die Feinde in die Flucht.

Eine hübsche Demonstration (Abb. 69). Aber eigentlich hatten wir uns mehr erhofft – wir wollten erleben (und natürlich filmen!), wie Limabohnen sich verständigen und sich bei Gefahr eine Warnung zukommen lassen.

Geduld, Geduld, mahnt Martin, erst müsse man sich mit der Abwehr der Limabohne befassen, dann erst könne man ihre Warnrufe verstehen. Und die Abwehr beschränke sich keineswegs nur auf den Einsatz von Bodenkräften. Auch die Unterstützung aus der Luft gehöre dazu – vor allem bei einem Angriff von Raupen.

Parallel zur Erzeugung von Blattnektar wirft die angefressene Limabohne auch die Duftproduktion an. Und wie der Wilde Tabak im Great Basin schickt sie chemische Hilferufe aus. Durch die Atemöffnungen der Blätter dringen sie nach draußen und wehen mit dem Wind davon. Natürlich verdünnt sich das Duftgemisch unterwegs, der Ruf verhallt, aber noch wenige Moleküle reichen aus, um die sensiblen Geruchsantennen von Schlupfwespen zu erregen. Sie haben gelernt, was der Alarm bedeutet, und starten zum Flug in Richtung Duftquelle. In ihrem Bauch tragen sie tödliche Waffen, die sie zielgenau einsetzen können: Eier. Kaum ist die Schlupfwespe, durch ihre Antennen geleitet, auf der Limabohne gelandet, begibt sie sich auf die Pirsch. Bis sie die fressende Raupe entdeckt. Blitzschnell sticht sie mit ihrem Legestachel zu und versenkt ein Ei in den weichen Körper. Und schon ist sie auf dem Weg zum nächsten Opfer – um das nächste Ei einzupflanzen. Die brutale Behandlung hat noch brutalere Folgen: Aus dem Ei wird eine Wespenlarve schlüpfen und die Raupe von innen her auffressen. Ein Feind weniger für die Limabohne (Abb. 69).

Unterstützung durch krabbelnde Ameisen und fliegende Wespen – die Limabohne versteht es, ihre Verteidigung zu organisieren. Und jetzt, meint Martin, hätten wir auch das Hintergrundwissen, um das Frühwarnsystem der Limabohne zu verstehen, denn beides, sowohl die Duftsignale für die Wespen als auch die Mobilisierung der Ameisen, spiele dabei eine wesentliche Rolle.

Schon am nächsten Tag will er uns die Kommunikation der Bohnen – wie sie sich warnen und aufeinander »hören« – demonstrieren. Sogar so, verspricht er, dass es Brian mit der Kamera sehen könne. Vorher aber müssten wir mit ihm auf nächtliche Insektenjagd gehen. Er brauche für die Demonstration ein Dutzend lebender Bohnenfresser. Mindestens ein Dutzend. Um einen Überfall zu inszenieren.

Eine klare, laue Sommernacht kündigt sich an – zumindest was die Temperaturen angeht. Dreiundzwanzig Grad und windstill. Tatsächlich ist es November. Aber eben ein November an Mexikos Pazifikküste, und Martin muss auch jetzt nicht auf die sommerliche Arbeitskleidung verzichten, in der er sich am wohlsten fühlt: Sandalen, Shorts und nackter Oberkörper. Ein Outfit, das dem mexikanischen Klima, aber nicht unbedingt den mexikanischen Moskitos angemessen zu sein scheint. Irgendwie ist er immun gegen Insektenattacken.

Die ersten Sterne setzen sich gegen die Dämmerung durch, und eine scharfe Mondsichel steht über unserem Bohnendickicht. Martin hat uns in die handgefertigten Saugfallen ein-

Abb. 69: Die herbeigerufenen Hilfskräfte der Limabohne: Ameisen vertreiben Käfer. Schlupfwespen schalten Raupen aus.

gewiesen, mit denen wir Insekten von den Bohnenblättern einsammeln können: ein Stück Plastikrohr, fünf Zentimeter im Durchmesser, das an beiden Öffnungen mit Korken verschlossen ist. Das ist der eigentliche Fangbehälter. Durch jeden Korken führt ein Gummischlauch; der eine kommt zum Ansaugen zwischen die Lippen, der andere soll möglichst nahe an das Insekt herangebracht werden. Unwillkürlich muss ich an die Saugfallen des Wasserschlauchs denken, deren Fangtechnik wir hier kopieren – wenn auch nicht mit Wasser, sondern mit Atemluft. Der Luftstrom in unsere Lungen soll die Insekten in die Falle saugen, und damit sie auch wirklich in der Falle bleiben und nicht gleich weiter in Mund und Lunge flitzen, ist der Ausgang in den Ansaugschlauch durch ein Stück Gaze gesichert. Zwei Dinge seien wichtig, erklärt uns Martin, und man spürt, dass er das so auch seinen Studenten vermittelt: Erstens müssten wir den Ansaugschlauch auch zum Ansaugen benutzen, und zweitens sollten wir uns hüten, Stinkwanzen einzusaugen; deren Sekret würde mehr als ekelhaft schmecken. Aber woran erkennt man Stinkwanzen? Ich unterdrücke die Frage und beschließe, alles, was irgendwie nach Wanze aussieht, zu ignorieren.

Doch bevor es überhaupt dazu kommt, werden wir von ganz anderen Insekten in Bann gezogen. Plötzlich stehen wir in einem Lichtermeer aus blinkenden Leuchtfeuern. Einige jagen wie Sternschnuppen über den Himmel. Sie kommen aus dem Nichts. Zeichnen eine blitzende Bahn in das nächtliche Schwarz. Und verlöschen wieder. Manche schießen blendend nah am Auge vorbei. Andere, mehr in der Ferne, stanzen gestrichelte Bahnen in die Dunkelheit. Eine chaotische Flugschau von Tausenden von Leuchtkäfern. Ihre Blinksignale vereinigen sich zu einem Feuerwerk von Mustern und Rhythmen, die sich jeden Augenblick wieder ändern. Ungeordnet und planlos: ein Feuerwerk außer Kontrolle, das in seiner Lautlosigkeit merkwürdig beruhigend und friedlich wirkt (Abb. 70).

Abb. 70: Versuch, das nächtliche Lichtspieltheater festzuhalten: Die Leuchtkäfer über der Wiese blinken mit den Sternen um die Wette.

Nach dem ersten, verwirrenden Eindruck fällt mir auf, dass es in dem dynamischen Durcheinander auch Fixpunkte gibt. Einige Käfer haben sich offenbar niedergelassen und feuern von immer derselben Position aus. Vom Boden aus, oder von Ästen hoch in den Bäumen – Leuchttürme, an denen sich das Auge dankbar orientiert.

Jeder kennt das Blinken der Glühwürmchen aus unseren Breiten. Doch was sich hier abspielt, ist mehr als nur eine Steigerung davon. Es scheint kaum möglich, die Dichte der Lichterscheinungen, ihre Stärke und Dynamik angemessen zu beschreiben. Und vor dieser Schwierigkeit standen schon andere. Als vor fünfhundert Jahren Hernán Cortéz mit seinen spanischen Soldaten Mexiko eroberte, müssen sie ähnlich sprachlos vor diesem Leuchtfeuer gestanden haben. Bernal Díaz, einer der Soldaten, schreibt, dass man es für Mündungsfeuer einer gewaltigen Armee halten könne und dass unerfahrene Truppen deshalb schon die Flucht ergriffen hätten. Der Vergleich mit Gewehrfeuer ist mehr als hinkend, und ich bin mir sicher, dass Bernal Díaz die Geschichte einfach nur erfunden hat, um seinen Lesern das unvergleichliche Naturschauspiel irgendwie nahezubringen.

Tatsächlich geht es bei der Lichterschau der Leuchtkäfer um eher Romantisches. Um das Zusammenfinden der Geschlechter. Die Signale laden zur Paarung ein – eine Lichtersymphonie in einer verführerisch lauen Nacht. Missklänge sind allerdings nicht ausgeschlossen, denn einige der Lichtsignale können sich als krasse Falschmeldungen erweisen. Es gibt Weibchen einer räuberischen Art, die das harmlose Liebesleuchten imitieren und dabei alles andere als harmlos sind. Sie warten, bis ein Männchen zum Stelldichein anfliegt, um es dann gleich doppelt zu täuschen: Erstens bekommt es keinen Sex, und zweitens wird es aufgefressen.

Ein bis zwei Stunden dauert das Open-Air-Lichtspieltheater. Dann flaut es ab, und der funkelnde Sternenhimmel spielt sich wieder in den Vordergrund. Die Leuchtkäfer hatten ihm die Show gestohlen.

Jetzt sind wir an der Reihe. Im Licht unserer Stirnlampen suchen wir die Bohnenblätter ab und setzen unsere Saugfallen ein. Die meisten Käfer sind so in ihr Bohnenmahl vertieft, dass sie den Schlauch, der sich langsam in ihre Nähe schiebt, gar nicht bemerken. Ein schnappender Atemzug, ein Ploppgeräusch – und ein Bohnenfresser mehr für Martins Experiment. Es dauert nicht lange, dann haben wir ein ganzes Sammelsurium von Insekten gefangen (ohne Stinkwanzen!), die am nächsten Tag – im Dienst der Wissenschaft – gezielt weiterfressen dürfen.

Nachrichten von Pflanze zu Pflanze

Martins Experiment, mit dem er das Frühwarnsystem auslösen und sichtbar machen möchte, klingt denkbar einfach –

und noch ahnt keiner, dass uns die filmische Auflösung an den Rand der Verzweiflung bringen würde. Die gefangenen Insekten sollen eine Bohnenpflanze anfressen und – wie wir das schon kennen – binnen vierundzwanzig Stunden die Abwehr auslösen: die Mobilisierung von Ameisen und Schlupfwespen. So weit, so gut. Was Martin jetzt zeigen möchte, ist die Verständigung von Pflanze zu Pflanze. Er ist überzeugt, dass der Alarmduft der Bohnenblätter nicht nur Wespen herbeiruft, sondern auch benachbarte Pflanzen über die bevorstehende Gefahr informiert. Nachbarschaftshilfe bei Bohnen – darum geht es am nächsten Morgen.

Wir stehen wieder vor unserer wuchernden Bohnenwand. Martin hat sich einen gewöhnlichen Bratschlauch aus dem Haushaltsgeschäft besorgt und ihn, mit Luftlöchern versehen, über einen Bohnenzweig gestülpt. Das Material sei völlig geruchlos und deshalb bestens geeignet. Dann dürfen sich unsere gefangenen Insekten in der Bratschlauchkammer satt fressen, und hier wird sich auch der Alarmduft ansammeln, den die Blätter abgeben. Er soll über einen Schlauch gezielt zu einer Bohnenpflanze in zwei bis drei Metern Entfernung weitergeleitet werden. Martin hat sie sich ausgeguckt, weil ihre Blätter noch makellos, ohne Fraßspuren sind – ein Beleg, dass sie bislang Glück hatte und von Schädlingen verschont blieb.

Jetzt bekommt sie den Alarmduft zu riechen. Behutsam wird er aus dem Bratschlauch abgesaugt und über einen ebenfalls geruchlosen Teflonschlauch herangeführt. Ein kleiner Ventilator sorgt für die Strömung und versieht die Empfängerpflanze mit einer sanften Geruchsdusche. Wird sie darauf reagieren? Und wie?

Der Alarmduft hat Folgen. Die unversehrte Pflanze liest die Botschaft richtig: Der Feind ist nicht mehr weit, Gefahr im Verzug. Und die Bohne handelt: Ohne die geringste eigene Verletzung, allein aufgrund der Duftnachricht, fährt sie die Nektarproduktion in ihren Nebenblättchen hoch. Überall bilden sich winzige Tröpfchen. Und es dauert nicht lange, dann treffen auch die ersten verteidigungsbereiten Ameisen ein – obwohl es noch gar nichts zu verteidigen gibt.

In anderen Worten: Die heile Bohne versteht den Duft als Warnung und wappnet sich. Sie mobilisiert vorsorglich ihre Abwehr. Ein Überraschungsangriff ist nicht mehr möglich, denn der Käfer, der jetzt auf den verlockenden, noch unverletzten Blättern landet, hat keine ruhige Minute. An Fressen ist gar nicht zu denken. Er wird gestört, gezwickt und gebissen, bis er das Weite sucht. Das Frühwarnsystem der Bohnen funktioniert. Und alles ist kinderleicht zu filmen – denken wir.

Brian leidet am meisten. Diese winzigen Ameisen und Käferchen, deren Bewegungen unvorhersehbar sind und die mit jedem Schritt aus der Schärfe krabbeln! Ich muss ihm als Ausgleich einen Elefantenfilm in Afrika versprechen. Aber am schwierigsten zu filmen ist dann etwas, was überhaupt nicht krabbelt, nicht einmal lebt: ein kleiner Nektartropfen, der als Antwort auf die Warnung gebildet wird – im Laufe von Stunden.

Nie und nimmer hätte ich damit gerechnet. Was, bitte schön, soll da schiefgehen? Gewiss, das Tröpfchen ist winzig, mit bloßem Auge kaum zu sehen; doch dafür gibt es Makrolinsen. Und das Tröpfchen quillt langsam, langsamer als der Schweiß auf der Haut; doch dafür gibt es Zeitrafferkameras. Wir sind ja keine Anfänger. Wir verlegen die Aufnahmen sogar ins Hotelzimmer, um Lichtwechsel und Windstöße auszuschließen.

Martin hat uns eine Limabohne im Topf präpariert. Mit Sicherheit, verspricht er uns, werde sie über Nacht Nektartröpfchen produzieren. Brian programmiert voller Zuversicht die Zeitrafferkamera – automatisch soll sie jede Minute ein Bild machen. So würde man das Tröpfchen zügig herausquellen sehen, bis es wie eine leuchtende Tauperle am Nebenblättchen hängt. Bildfüllend groß. Wir freuen uns schon auf das Ergebnis. Spot an – Kamera ab. Das war unser erster Fehler.

Der nächste Morgen bringt ihn an den Tag. Martins Prognose hat sich zwar bewahrheitet: Überall glitzern neu entstandene Nektartröpfchen, doch im Film ist davon nichts zu sehen. Gleich zu Beginn dreht sich das Nebenblättchen blitzartig aus dem Bild, als hätte es Besseres zu tun. Die Bohne hat auf das Einschalten der Lampe reagiert und sich der neuen Lichtquelle zugewandt. Wir haben ihre Beweglichkeit unterschätzt.

In der darauffolgenden Nacht wiederholen wir das Experiment, und diesmal geben wir unserer Bohne genügend Zeit, sich nach der Lampe auszurichten. Erst dann stellen wir unsere Kamera ein. Doch das Filmergebnis ist wiederum niederschmetternd: Fluchtartig, wie es scheint, wandert das Nebenblättchen nach oben und verschwindet aus dem Bild – weil die Limabohne wächst. Auch nachts. Sie ist einfach zu schnell für uns. Wir sind ihr nicht gewachsen.

Spätestens jetzt frage ich mich, ob ich mich nicht verrannt habe. Ob wir das Herausquellen des Nektars wirklich zeigen müssen. Genügt nicht das Resultat, der fertige Tropfen? Dazu der Filmkommentar, das sei die Antwort der Nachbarbohne auf die Warnung?

Aber da ist zum einen die fatale Attraktivität von Schwierigkeiten – dass sie gemeistert werden wollen. Man könnte es auch Sturheit nennen. Zum anderen war ich von Anfang an begeistert von ebendieser Eigenschaft der Limabohne: dass sie zeigt, was sie tut. Es gibt genügend andere Pflanzen, die auf Gerüche reagieren, aber immer auf unsichtbare Weise. Im Verborgenen stellen sie chemische Substanzen her, produzieren Gifte oder Vorstufen davon. Chemische Vorgänge, die im Inneren der Zellen ablaufen. Aber die Limabohne tut mehr. Nach dem Warnruf ändert sie ihr Verhalten. Sie startet eine sichtbare Aktion: Sie stellt Nektar her und präsentiert ihn. Deshalb sind wir überhaupt nach Mexiko gefahren – weil die Limabohne sich so filmgerecht benimmt. Und jetzt aufgeben?

Ein letzter Versuch soll es richten. Wir wählen die Einstellung so total, dass das Nebenblättchen, auch wenn die Bohne wächst, noch im Bild bleibt. Später, in der Postproduktion am Computer, wollen wir dann einen Ausschnitt herausvergrößern und es so aussehen lassen, als würde die Kamera mit der wachsenden Bohne mitfahren. Klingt etwas technisch. Ist für Nichtinsider auch kaum zu verstehen. Aber egal, die Natur hatte sowieso etwas dagegen. Dieses Mal in Gestalt von Ameisen. Sie müssen in das Hotelzimmer gekommen sein, haben die Bohne geentert und – wie es sich gehört – die entstehenden Tröpfchen weggetrunken. Und zwar schon im Ansatz, bevor sie überhaupt zu erkennen waren. Das Zusammenspiel von Limabohnen und Ameisen jedenfalls funktioniert – ohne Rücksicht auf Kamerateams.

Es reicht. Ich gebe auf. Und beschließe, alle Grundsätze über den Haufen werfend, die Angelegenheit per Computeranimation zu erledigen. Für einen Fachmann bedeutet das eine Arbeit von nicht mehr als drei Stunden. Jetzt quellen täuschend echte Computertröpfchen in unserem Film. Und keiner wird es merken – es sei denn, er hat jetzt das Outing gelesen. Aber niemand soll sagen, wir hätten es nicht versucht …

Wozu den Nachbarn warnen?

Kein Zweifel, Pflanzen können sich über Geruchsbotschaften verständigen. Sie erfahren vom Überfall in der Nachbarschaft und treffen eigene Schutzvorkehrungen. Nicht nur bei Limabohnen ist das so. Warnrufe scheinen zum Vokabular der Vegetation zu gehören. Aber darf man wirklich davon sprechen, Pflanzen würden sich gegenseitig warnen? Gerade so, als wäre ihnen daran gelegen, ihre ahnungslosen Nachbarn vor Unheil zu bewahren – mit einem chemischen Zuruf: Pass auf! Oder: Vorsicht!

Ganz unmöglich scheint das nicht. Schließlich verfallen

auch Vögel in nervenaufreibendes Gezeter, wenn Kater Jurek sich anpirscht. Ihre keckernden Rufe sind nicht zu überhören. Warnrufe – nach landläufiger Meinung. Ebenso stoßen Makaken laute Rufe aus, wenn sie einen Leoparden oder eine Schlange entdecken. Und sogar Fische sollen ihre Artgenossen warnen. Die kleinen, karpfenartigen Elritzen zum Beispiel. Werden sie von Hechten oder Forellen verletzt, sondern sie einen »Schreckstoff« ab, der sich im Wasser ausbreitet und andere Elritzen informiert. Sie flüchten dann aus der Gefahrenzone – zumindest bei Tag. Wenn es Nacht ist, erstarren sie zur Bewegungslosigkeit und vermeiden so jeden Wasserwirbel, der sie dem Feind verraten könnte.

Warnrufe scheinen gang und gäbe zu sein in der Natur. Warum sollten nicht auch Pflanzen ihre Nachbarn warnen? Doch die Biologen sind skeptisch. Echte Warnrufe würden der Grunderkenntnis zuwiderlaufen, dass sich in der Evolution nur solche Eigenschaften durchsetzen, die ihren Trägern etwas bringen – im Klartext: mehr Nachkommen bringen. Von echten Warnrufen jedoch würden nur die anderen profitieren. Die Warner selbst hätten nichts davon. Im Gegenteil: Ein warnender Vogel macht direkt auf sich aufmerksam und erhöht damit sein Risiko. Eine warnende Elritze braucht kostspieligen Schreckstoff für die Becherzellen ihrer Haut. Wie also sollen sich Warnrufe durchsetzen, wenn der Rufer nichts dabei gewinnt? Wenn er sogar dafür bezahlen muss?

Bei genauem Hinsehen stellt sich heraus, dass viele vermeintliche Warnrufe zunächst einmal dem eigenen Schutz dienen und gar nicht als Warnung für andere gedacht sind. Der »warnende« Vogel zum Beispiel wendet sich mit seinem Gezeter nicht an andere Vögel, wie viele glauben, sondern an die Katze. Sie soll wissen, dass sie entdeckt ist, dass ihre übliche Jagdmethode des Lauerns und Ansitzens, um dann überraschend zuzuschlagen, nicht mehr funktionieren wird. Für einen Vogel, der jederzeit wegfliegen kann, ist eine entdeckte

Katze eine ungefährliche Katze. Das weiß sie auch selbst und wird ihren Jagdversuch über kurz oder lang aufgeben.

So gesehen macht sich das Geschrei für den Schreihals selbst bezahlt. Dass darüber hinaus auch andere Tiere diese Rufe hören und gelernt haben, sie als Warnung zu verstehen, ist unbestritten. Aber das geht auf ihr eigenes Konto. Es ist ihre Leistung, das Vogelgezeter, auch wenn es gar nicht ihnen gilt, als Hinweis auf eine Gefahr zu deuten.

Ähnliches vermuten die Gewässerbiologen bei den Elritzen. Auch hier könnte der Schreckstoff zunächst dem Selbstschutz dienen. Folgendes Szenario, das immer wieder beobachtet wird, spricht dafür: Ein Hecht hat eine Elritze erbeutet und versucht sie hinunterzuwürgen. Das kann Minuten dauern. Während sie zappelnd im Maul steckt, verbreitet sich ihr Schreckstoff rasch im Wasser und lockt andere, konkurrierende Hechte an. Sie versuchen, ihrem vollmundigen Kollegen die Beute abzujagen, und nicht selten ist die Elritze dabei die lachende Dritte und entkommt. Mit dem Schreckstoff hat sie ihre eigene Haut gerettet. Dass andere Tiere diesen Stoff dann mit der Anwesenheit von Hechten assoziieren und ihn als Warnung interpretieren, ist kaum verwunderlich.

Nicht anders verhält es sich mit den vermeintlichen Warnrufen der Bohnen und anderer Pflanzen. Warum sollten sie ihre konkurrierenden Nachbarn warnen? Das bringt ihnen nichts ein.

Pflanzen warnen sich nicht, aber sie »belauschen« sich; sie nehmen ihrerseits die Duftsignale wahr, mit denen Nachbarn hungrige Wanzen oder legefreudige Schlupfwespen alarmieren. Statt von Warnsystem müsste man korrekterweise von Abhörsystem sprechen. Pflanzen hören mit oder besser: riechen mit, was in der Nachbarschaft vor sich geht. Und die abgefangenen Nachrichten nutzen sie, um ihre eigene Verteidigung anzukurbeln.

Der Vorteil liegt auf der Hand: Zeitgewinn. Eine Pflanze, die durch ihre Lauschaktion schon erfahren hat, dass der Feind in der Nähe ist, kann die verbleibende Zeit nutzen, um ihre Abwehr aufzubauen. Zum Beispiel in Form von Giftstoffen wie Phenolen, Alkaloiden oder Verdauungshemmern. Dann ist sie für einen Angriff gerüstet. Und kann ihn möglicherweise ganz zurückschlagen.

Ebendies war Ian Baldwin, der heute die Abwehrtricks des Wilden Tabaks erforscht, schon 1983 bei Bäumen aufgefallen. Manche Eichen in einem Befallsgebiet des Schwammspinners erhöhten rechtzeitig ihre Giftabwehr und blieben von den Schädlingen verschont. Als junger Nachwuchswissenschaftler sprach er damals kühn von *Talking Trees* – von Bäumen, die miteinander reden – und vermutete, dass sie Duftstoffe als Übertragungssignale einsetzen. Die gestandenen Kollegen waren etwas pikiert, aber die weitere Entwicklung sollte ihm recht geben. Dennoch sei die Formulierung etwas unglücklich gewesen, meint Ian heute, ein Vierteljahrhundert später. *Bäume, die sich belauschen,* hätte es besser getroffen.

Pflanzen verstehen es meisterhaft, ihre Umgebung zu belauschen und »auszuspionieren«. Sie informieren sich vorab, um einen Zeitvorsprung vor den potenziellen Angreifern zu haben. Doch in gewisser Weise ist das immer ein Lotteriespiel. Wie lange wird es dauern, bis man selber attackiert wird? Wie schnell soll die eigene Mobilmachung erfolgen? Und was ist, wenn der Angriff ganz ausbleibt? Dann waren alle Müh und Kosten für die Giftproduktion vergeudet, und die Ressourcen werden für Wachstum und Samenbildung fehlen. Wer zu früh kommt, auch den bestraft das Leben.

Kaum zu glauben: Viele Pflanzen haben sogar aus diesem Dilemma einen Ausweg gefunden. Sie spalten ihre Abwehr in zwei Schritte auf. Als Erstes bereiten sie in ihren Zellen die Produktionsanlagen für Abwehrstoffe vor. Sie sind jederzeit einsatzbereit und warten nur darauf, bis »der Hebel umgelegt« wird. Diesen ersten Schritt bezeichnen die Biologen als

Priming. Der zweite Schritt erfolgt dann beim tatsächlichen Angriff. Die Insekten selbst geben mit ihren Kauwerkzeugen das chemische Startsignal; sie legen den Hebel um. Aus dem Stand und mit voller Kraft läuft die Produktionsmaschinerie für Gift- und Abwehrstoffe an. Und jetzt werden sie wirklich akut gebraucht.

Empfänglich für Streicheleinheiten

Wenn wir testen wollen, ob etwas lebt oder tot ist, dann stupsen wir es gerne mit dem Finger an. Bewegt es sich, dann lebt es auch. Nur bei Pflanzen kommt uns das nicht in den Sinn. Es gehört zu unserer Alltagserfahrung, dass sie auf Berührung nicht reagieren. Und wenn sie es trotzdem tun, dann ist das mehr als verblüffend – geradezu beunruhigend. Bei Mimosen zum Beispiel. Sobald wir eine *Mimosa pudica* berühren, reagiert sie, als wäre sie ein Tier: In Sekundenschnelle schließen sich ihre Fiederblättchen – eines nach dem anderen. Sie falten sich zusammen wie die Flügel eines Schmetterlings. Die Mimose demonstriert eindrucksvoll ihr feines Gefühl für Berührung. Eine einzigartige Leistung im Pflanzenreich, so schien es lange (Abb. 71).

Doch mehr und mehr stellt sich heraus, dass Pflanzen generell berührungsempfindlich sind. Jeder Kontakt bedeutet eine – vielleicht nur minimale – Verformung der Zellwände, die aber als Auslöser für weitere Reaktionen im Zellinneren bis hin zur Aktivierung von Genen oder Gengruppen dienen kann. So spüren die Pflanzen jede Art von Berührung. Sie reagieren sogar auf Streicheln und Massieren, und die zärtlichen Berührungen können durchaus Folgen haben.

Streicheleinheiten für Pflanzen – das klingt eher esoterisch und nicht unbedingt seriös, aber jeder kann es testen. Ohne Instrumente, ohne Labor – und ohne »grünen Daumen«. Man

Abb. 71: Mimosen schließen ihre Blätter bei Berührung. Dann verschwindet das saftige Grün, der Zweig sieht wie abgestorben aus.

nehme zwei Töpfe mit Bohnenpflänzchen und stelle sie an einen ruhigen, zugfreien Ort. Das eine Pflänzchen wächst unberührt vor sich hin, das andere bekommt viermal täglich eine Massage – sein Stängel wird sanft zwischen zwei Fingern gerieben, etwa zehn Sekunden lang. Mehr ist nicht nötig. Schon nach einer Woche sind die Folgen überdeutlich – wenn auch anders, als Massagefreunde vielleicht erwartet haben: Die behandelte Bohne scheint irgendwie erniedrigt. Sie ist wesentlich kürzer geblieben, dafür umso kräftiger und stämmiger geworden. Als würde sie sich energisch ducken. Das Gleiche passiert mit anderen Pflanzen, wenn man ihnen täglich durch die Blätter streicht. Sie wachsen kompakter und bleiben niedriger. Aus der Sicht der Pflanzen eine durchaus sinnvolle Reaktion.

Mit unseren Streicheleinheiten verursachen wir nämlich Verformungen der Zellwände, wie auch Windstöße es tun. Wir geben der Pflanze das Gefühl, in einer ziemlich stürmischen Gegend aufzuwachsen, und sie passt sich daran an. Niedrig, aber stämmig kann sie den Böen und Stürmen am besten widerstehen.

Nicht umsonst sind frei stehende, dem Wind ausgesetzte Bäume meist gedrungen und nicht besonders hoch gewachsen. Oft hört man, der Wind habe sie eben nicht hochkommen lassen. Doch die Initiative liegt eindeutig bei den Bäumen; sie spüren, dass sie angeblasen, geschüttelt und gekrümmt werden. Und wenn das häufiger geschieht, ergreifen sie geeignete Gegenmaßnahmen. Menschen ziehen bei Sturm eine Windjacke über. Tiere suchen ein windgeschütztes Plätzchen auf. Pflanzen verändern ihre Gestalt; das ist ihre Kompensation für mangelnde Beweglichkeit.

Die Umstellung auf sturmfeste Bauweise ist aber nicht umsonst zu haben. Maispflanzen, die man täglich für dreißig Sekunden schüttelt, als fegte ein Sturm über das Feld, senken ihren Ertrag um dreißig bis vierzig Prozent. Sie zweigen einen Teil ihrer Ressourcen zur Verfestigung der Stängel und Blätter ab; die Fruchtbildung muss kürzertreten. Eine vernünftige Entscheidung, denn Mais, der sturmgeknickt am Boden liegt, wäre noch schlechter dran.

Welche Rolle der Wind für das Wachstum und Wohlergehen einer Pflanze spielt, hat mir ein kleines Experiment an der Universität Freiburg im Breisgau vor Augen geführt. Professor Edgar Wagner arbeitet dort mit Roten Gänsefüßen, um ihre »elektrischen Fähigkeiten« zu untersuchen – wir kommen noch darauf. Diese einheimischen Pflanzen, deren Blätter eine entfernte Ähnlichkeit mit Gänsefüßen haben, werden zu Hunderten in hell beleuchteten Kellerräumen gezogen. Jede in ihrem eigenen Topf. Temperatur und Feuchtigkeit sind geregelt. Ein paar gewöhnliche Zimmerventilatoren summen vor sich hin und sorgen für ein angenehmes Lüftchen. Aber jetzt führt mich Edgar Wagner in einen kleinen Nebenraum. Auch hier stehen Rote Gänsefüße in ihren Töpfen. Dreißig bis vierzig Zentimeter hoch. Sie sind unter den gleichen Bedingungen herangewachsen wie die anderen – mit einer Ausnahme: Es gibt keine Ventilatoren in diesem Raum. Kein Lufthauch ist zu spüren.

Edgar nimmt einen Kasten mit Gänsefüßen vom Tisch, trägt ihn über den Flur in unseren Filmraum und setzt ihn dort ab. Das war's. Ende des Experiments. Und das Ergebnis ist geradezu erschütternd. Mit dem Absetzen scheinen sich die Gänsefüße zu verwandeln. Als wären sie aus Gummi, neigen sie sich zur Seite und sinken zu Boden. Schlaff und elend.

Sie haben in ihrem Leben noch nie die Erfahrung von Wind oder anderen Erschütterungen gemacht, erklärt Edgar, und das seien die Folgen – die sichtbaren Folgen. Die unsichtbaren seinen nicht weniger drastisch, denn die Pflanze erlebe zugleich einen »nervösen Zusammenbruch«. Ihre elektrische Aktivität liege komplett darnieder.

Auch Pflanzen brauchen Lebenserfahrung. Ohne das Erlebnis von Wind bleibt ihr Gewebe zu schwach, um Transport oder Erschütterungen auszuhalten. Ventilatoren in den Zuchträumen sind unerlässlich – es sei denn, man würde die Roten Gänsefüße jeden Tag streicheln oder massieren.

Am nächsten Morgen ist der darniederliegende Gänsefuß wieder auf den Beinen. Er steht aufrecht und gerade – und ich komme mir irgendwie fies vor, als ich ihn etwas anhebe und wiederum hart aufsetze. Denn nun geht er abermals in die

Knie. Doch Edgar beruhigt mich, das sei durchaus eine gute Lektion für die Pflanze. Ein Training gewissermaßen. Wenn man es fortsetze, lerne der Gänsefuß innerhalb weniger Wochen, mit dieser neuen Situation umzugehen. Dann habe er sein Gewebe verfestigt und bleibe unerschütterlich aufrecht.

Der Rote Gänsefuß übt sich im Stehen. Eine Lerneinheit, die er in drei bis vier Wochen abgeschlossen hat. Pflanzen haben die Fähigkeit, aus Erfahrung zu lernen – eine Leistung, die wir eigentlich nur Tieren zutrauen. Der Bussard, der am Straßenrand auf überfahrene Beute wartet, hat sich an die Erschütterungen gewöhnt, die vorbeibrausende Autos und Lastkraftwagen verursachen. Oder der Fuchs, der direkt neben dem Rollfeld auf Mäusejagd geht – auch er hat es gelernt, das Dröhnen und Beben der Jets nicht mehr zu fürchten. Tiere lernen, mit neuen Situationen zurechtzukommen. Pflanzen auch. Wenn man ihnen genügend Zeit gibt.

Ein plötzlicher Kälteschock schädigt die Pflanzen mehr, als wenn die Temperaturen langsam sinken. Sie brauchen Zeit, ihre Zellmembranen winterfest umzubauen oder gar Frostschutzmittel im Zellinneren herzustellen. Ebenso kann plötzliche UV-Strahlung den Pflanzen zusetzen – zum Beispiel, wenn sie nach dem Winter beim ersten strahlenden Sonnentag auf den Balkon gestellt werden. Sie brauchen Zeit, einen eigenen UV-Schutz in den Blättern zu produzieren, sonst bekommen sie Sonnenbrand.

Auch wenn der Boden plötzlich durchnässt wird und Sauerstoff für die Wurzeln fehlt, wird es schwierig für eine Pflanze. Doch wenn der Sauerstoffmangel langsam eintritt, können die Wurzeln besondere Röhren ausbilden – Schnorchel, über die sie Luft von oben holen.

Kein Tag ist wie der andere. Die Lebewesen müssen sich darauf einstellen – alle Lebewesen. Tiere ändern ihr Verhalten – Pflanzen ändern ihren Körper. Manchmal allerdings scheint der Unterschied zu verschwinden …

KAPITEL 9

Elektrische Signale: Nervös ohne Nerven

Schneller als die Fliegen

Sie schlägt zu, als wäre sie ein gieriges Raubtier. Blitzschnell schließen sich ihre Fangblätter. Vorher hat die Venusfliegenfalle geprüft, ob die Beute lebt und sich bewegt. Jetzt verdaut sie ihr Opfer, aber wenn es nicht schmeckt, bricht sie ab und öffnet ihr Fangblatt wieder. Die Venusfliegenfalle scheint energisch und sensibel zugleich zu sein.

Die beiden Blatthälften sind durch ein Scharnier verbunden und schließen sich wie ein Tellereisen – innerhalb einer Zehntelsekunde. Gleichzeitig biegen sich die »Zähne« an den Blatträndern nach innen und bilden – noch bevor die Falle ganz geschlossen ist – eine Art Fangkorb über der Beute. Selbst reaktionsschnelle Fliegen habe keine Chance, noch rechtzeitig zu entkommen. Die Pflanze ist schneller. Muskelkraft als Antrieb scheidet aus, die Venusfliegenfalle macht es hydraulisch: Die Zellen auf der Innenseite des Scharniers geben schlagartig Flüssigkeit ab und schrumpfen. Die Zellen außen nehmen Wasser auf und dehnen sich. So schnappt die Falle zu (Abb. 72).

Wirklich spannend aber ist die Frage, *wann* sie zuschnappt. Woher weiß die Pflanze, dass sie jetzt, in diesem Augenblick, gefordert ist? Tatsächlich fühlt sie ihre Beute. Auf der Innenseite der Blatthälften sitzen jeweils drei Fühlborsten. Es kann

Abb. 72: Die Venusfliegenfalle ist zugeschnappt – ihre Bewegungsmelder und Eiweißrezeptoren haben angeschlagen.

gar nicht ausbleiben, dass ein Insekt, das die vermeintliche Blüte erkundet, eine der Borsten berührt. Und schon wird der Fangmechanismus ausgelöst – so sollte man meinen. Doch die Venusfliegenfalle lässt sich Zeit. Sie scheint misstrauisch zu sein. Könnte es nicht auch ein Regentropfen gewesen sein? Oder ein Erdkrümel, den ein vorbeilaufendes Tier hochgeschleudert hat? Die Pflanze wartet ab – vierzig Sekunden lang. Wenn in dieser Frist zum zweiten Mal ein Borstenhaar berührt wird, spricht das für ein lebendes Insekt: Jetzt erst reagiert die Falle. Bis heute ist es ein Rätsel, wie dieses Pflanzenkurzzeitgedächtnis arbeitet, wie die hirnlose Venusfliegenfalle sich vierzig Sekunden lang merken kann, dass sie vorgewarnt wurde.

Wenn es aber trotzdem nur ein kullerndes Steinchen war, das die Falle ausgelöst hat, dann besteht immer noch die Chance, den Irrtum zu beheben. Sollte die Beute nicht tierisch schmecken, wenn also die Eiweißrezeptoren in der Blattwand kein Signal bekommen, dann öffnet sich die Falle wieder. Binnen einer halben Stunde. Ansonsten bleibt sie für Tage geschlossen – so lange, bis Pepsin und andere Verdauungsenzyme die Beute aufgelöst haben.

Schon Charles Darwin vor über hundertzwanzig Jahren war von der Venusfliegenfalle und ihrem tierischen Verhalten in Bann gezogen. Er wusste, dass sie keine Nerven hat – aber wie lösen die Fühlborsten dann die Klappbewegung aus? Wie werden die Zellen längs des Scharniers informiert? Oder die Stacheln am Blattrand? Darwin reichte das Problem weiter an John Burdon-Sanderson, einen hervorragenden Mediziner am University College London, und der machte eine sensationelle Entdeckung: Unmittelbar nach Reizung einer Fühlborste breiten sich elektrische Impulse über die Blatthälften aus – nicht irgendwelche Impulse, sondern solche derselben Art, wie sie von Nervenzellen bei Tieren und Menschen produziert werden: sogenannte Aktionspotenziale – kurze Spannungsstöße, die in rasantem Tempo unser Nervensystem durchlaufen, ohne sich dabei abzuschwächen oder zu verändern. Als Nervensignale aktivieren sie unsere Muskeln, leiten Sinneswahrnehmungen weiter oder informieren das Gehirn über den Zustand des Körpers.

Offensichtlich gibt es die gleichen Signale bei Pflanzen. Eine beunruhigende Entdeckung: Nervensignale ohne Nerven. Allerdings sind die Geschwindigkeiten anders: Bei uns jagen die Aktionspotenziale mit der Geschwindigkeit eines Formel-1-Boliden auf ihrer Bahn dahin, mit hundert Metern pro Sekunde. Bei der Venusfliegenfalle schaffen sie nur etwa zehn (maximal fünfundzwanzig) Zentimeter in einer Sekunde, sind also tausendmal langsamer.

Es gibt sogar Fälle, in denen man die Geschwindigkeit des Pflanzensignals mit bloßem Auge beobachten kann: bei der berührungsempfindlichen Mimose nämlich. Wie schon erwähnt, falten sich ihre Fiederblättchen, die wie Fischgräten von einer

Mittelrippe abstehen, nach einer Berührung oder Verletzung zusammen. Schön der Reihe nach, als würde jemand an der Mittelrippe entlangfahren und ein Blättchenpaar nach dem anderen zusammendrücken. Es ist tatsächlich die Fortbewegung des Aktionspotenzials, die hier sichtbar wird und die mit etwa einem Zentimeter pro Sekunde noch langsamer ausfällt als bei der Venusfliegenfalle. Das Signal wird durch die Berührung ausgelöst, läuft die Mittelrippe entlang und veranlasst – gleichsam im Vorübergehen – das Schließen der Fiederblättchen.

Die Parallele zu Nervensignalen ist unübersehbar, und schon Darwin ging der Frage nach, ob sich Mimosen womöglich auch betäuben lassen. Werden sie durch Äther oder andere Narkosemittel ähnlich bewegungslos wie Tiere und Menschen?

Mimose in Narkose

Dr. Monika Birmelin ist Narkoseärztin im Evangelischen Diakonie-Krankenhaus in Freiburg im Breisgau. Sie war begeistert von der Idee, eine Mimose zu narkotisieren – es zumindest zu versuchen. Und sie konnte sogar die Krankenhausleitung überzeugen, uns einen leer stehenden Operationssaal zu überlassen.

Die äußeren Bedingungen sind ideal: ein großer Raum, ebener Fußboden für Fahraufnahmen und die beliebig schwenkbare Operationsleuchte als Lichtquelle. Im Hintergrund die medizinischen Gerätekonsolen mit blinkenden Lichtern und Displays. Dazu Monika als Fachkraft, die jeden Handgriff wie im Schlaf beherrscht.

Jetzt allerdings betritt auch sie Narkose-Neuland. Mit derart mimosenhaften Patienten habe sie selten zu tun gehabt, meint sie lachend. Monika hat sich für eine altmodische Äthernarkose entschieden. Damit könne es am ehesten klappen. Fünfzehnprozentigen Ätherdampf will sie unserer Mimose verabreichen. Und das für eine Stunde.

Aber wir haben die Empfindlichkeit unserer Patientin unterschätzt. Sie soll unter einen Glassturz kommen und dort Ätherdampf einatmen. Vorsichtig rollen wir sie aus dem Vorraum in den OP – aber nicht vorsichtig genug. Die Erschütterungen bei der Fahrt sind ihr schon zu viel: Ein Teil der Blätter faltet sich zusammen. Weitere folgen nach, als wir sie beim Überstülpen der Glasglocke berühren. So geht das nicht. Die ganze Pflanze sieht erbärmlich aus. Und wie wollen wir ihre Beweglichkeit in Narkose testen, wenn die Blätter schon jetzt geschlossen sind? Zudem hat sich der ganze Raum mit süßlichem Ätherduft angereichert. Brian klagt über Kopfweh.

Wir nehmen eine Auszeit und beraten. Es bleibt nur eine Chance. Im Nebenraum steht noch eine Reservemimose – wir haben sie mitgebracht, um das Experiment wiederholen zu können. Wir müssten sie sehr, sehr vorsichtig...

Ich glaube nicht, dass jemals eine Pflanze sanfter getragen wurde. Kleine Schritte, flache Atmung, die Arme halb angewinkelt, um Erschütterungen abzufangen. Die Tür geht auf, Monikas Kollege steht im Raum. Ein synchrones »Schschscht«, und er erstarrt. »Hier riecht es aber...«, meint er noch, dann ist er wieder verschwunden.

Behutsam wie eine hochexplosive Bombe platzieren wir unsere Mimose auf dem Operationstisch. Über einer Schale mit flüssigem Äther. Millimeterweise senken wir die Glocke. Versuchen, möglichst wenig zu atmen, um den Ätherdampf aus den Lungen zu halten. Die leichte Benommenheit? Bestimmt nur eingebildet. Schließlich können wir aufatmen: Die Mimose ist unter Narkose – und alle ihre Blätter sind noch breit geöffnet (Abb. 73).

Nach einer Stunde wagt Monika den entscheidenden Test. Zunächst zurückhaltend, dann immer kräftiger, stößt sie gegen

Abb. 73: Narkoseärztin Dr. Monika Birmelin setzt eine Mimose unter Ätherdämpfe. Lässt sich die Pflanze betäuben? Wird sie bewegungslos?

die Fiederblättchen: Sie rühren sich nicht. Die Patientin ist anästhesiert, stellt Monika in professionellem Tonfall fest. Und um zu sehen, wie tief die Narkose reicht, greift sie zur Schere und schneidet quer durch ein Fiederblättchen – ein Eingriff, der normalerweise heftigste Reaktionen hervorgerufen hätte, nicht nur bei den Fiederblättchen, sogar die Blattstiele wären abrupt nach unten geschwenkt.

Aber jetzt: nichts – keine Bewegung.

Mimosen lassen sich wie Tiere narkotisieren. Ein verblüffendes Resultat. Was hat es mit den elektrischen Pflanzensignalen auf sich? Könnten sich dahinter kognitive oder psychische Fähigkeiten verbergen, an die wir bisher nicht zu denken wagten? Vor gut vierzig Jahren hat das Thema weltweit für Furore gesorgt.

Der Drachenbaum beim Lügentest

Die Geschichte ist millionenfach erzählt: Am 2. Februar 1966 macht Cleve Backster in seinem Büro am Time Square in New

York die Entdeckung seines Lebens. Backster hatte für die CIA gearbeitet und war Spezialist für den Einsatz von Lügendetektoren. Die Geräte werden bei Verhören benutzt und zeichnen vor allem den Hautwiderstand der Befragten auf, der sich bei emotionaler Erregung verändert – zum Beispiel, wenn sie lügen. An jenem Februarmorgen kam Backster auf die Idee, seinen Drachenbaum, den seine Sekretärin vor Kurzem zur Verschönerung des Büros angeschafft hatte, an einen Lügendetektor anzuschließen – nicht um ihn einem Verhör zu unterziehen, sondern aus wissenschaftlicher Neugier: Backster wollte wissen, wie lange es dauert, bis – nach kräftigem Gießen – das Wasser in den Blattspitzen eingetroffen ist. Die aufsteigende Flüssigkeit müsste eigentlich den elektrischen Widerstand des Blatts verringern, so erwartete Backster, und der angeschlossene Schreiber würde den Abfall aufzeichnen. Doch das Ergebnis sah ganz anders aus – und merkwürdig vertraut: Die aufgezeichnete Kurve verlief ähnlich wie bei der Befragung eines Menschen. Sollte sein Drachenbaum irgendwie emotional reagieren?

Backster fing Feuer. Er unterzog seinen Drachenbaum einer Reihe von Tests. Er berührte ihn, tauchte ein Blatt in heißen Kaffee oder sengte die Blattspitze mit einem Streichholz an. Jedes Mal zeigte der Lügendetektor Ausschläge, auch wenn sie nicht besonders stark waren. Doch dazwischen gab es auch extreme Ausschläge, seltsamerweise immer dann – davon war Backster überzeugt –, wenn er den Gedanken fasste, der Pflanze etwas anzutun. Nicht die Tat, sondern der Entschluss zur Tat schien den Drachenbaum besonders zu erregen. Pflanzen können Gedanken lesen, das war die Schlussfolgerung, die Backster zog, und folgerichtig publizierte er seine Beobachtungen in einer Zeitschrift für Parapsychologie – wo sie kein allzu großes Aufsehen erregten, schon gar nicht bei Botanikern.

Fünf Jahre später allerdings war Cleve Backster in aller

Munde. Der Journalist Peter Tompkins hatte ein Buch über »Das geheime Leben der Pflanzen« geschrieben und darin überschwänglich über Backster und seinen Drachenbaum berichtet. Das Buch wurde zum Weltbestseller, und die Botaniker mussten sich – widerstrebend – mit dem »Backster-Effekt« befassen. Sie wiederholten die Versuche, um Backsters Ergebnisse zu reproduzieren – vergeblich. In den Labors der Wissenschaftler verloren die Pflanzen regelmäßig ihre übersinnlichen Fähigkeiten. Kein Wunder, argumentierte Backster, man brauche selbst eine emotionale Beziehung zu den Pflanzen, um sie zur Mitarbeit zu bewegen. Wer schon mit Skepsis an die Sache herangehe…

Damit war die Kluft nicht mehr zu überbrücken. Jedes Kontrollexperiment mit anderem Ergebnis konnte mit dem Hinweis entkräftet werden, dass die richtige Einstellung gefehlt habe. Der »Backster-Effekt« stand außerhalb wissenschaftlicher Nachprüfbarkeit. Die Botaniker an den Hochschulen legten Wert darauf, sich von Backster und seinen Behauptungen abzugrenzen. Sie wollten nichts zu tun haben mit übersinnlichen Pflanzen und allem, was damit in Verbindung gebracht werden könnte. So geriet das gesamte Forschungsfeld der Pflanzenelektrik ins wissenschaftliche Abseits; das Thema wurde mit einer Art Tabu belegt. Die heimliche Angst, von Pseudowissenschaft und Parapsychologie vereinnahmt zu werden, hielt viele ab, sich ernsthaft damit zu befassen.

Selbst die elektrische Sensibilität der Venusfliegenfalle oder der Mimose schien irgendwie vergessen zu sein – diese Phänomene wurden als kuriose Sonderfälle ins Hinterstübchen der Wissenschaft gepackt. Auch die Wissenschaft unterliegt Modeströmungen, und elektrische Pflanzensignale zu erforschen war nicht mehr en vogue. Es gab schließlich genügend anderes zu untersuchen – von der Genetik bis hin zum molekularen Aufbau der Zellmembran.

Doch gerade hier, bei der Erforschung der Zellmembran, geriet die Elektrik der Pflanzen plötzlich wieder in den Blickpunkt der Forschung. An der Zellmembran, die wie eine Seifenblase das Zellinnere umhüllt, können kräftige Aktionspotenziale entstehen und sich über die ganze Membran fortpflanzen. Gewöhnliche Pflanzenzellen produzieren elektrische Signale, wie man sie bisher nur Nervenzellen zugetraut hatte – das ließ die Pflanzen in neuem Licht erscheinen: Sie sind nicht nur »chemische Wesen«, die gelöste Substanzen und Hormone durch ihren Organismus schicken, sie sind darüber hinaus auch »elektrische Wesen«.

Alle Pflanzen, die man untersuchte, von der Modellpflanze *Arabidopsis* über den Kürbis bis zur Pappel, erwiesen sich als elektrisch sensibel: Sie erzeugen Aktionspotenziale oder andere elektrische Signale und senden sie als Nachrichten durch ihren Körper. Mimose und Venusfliegenfalle haben ihren Ausnahmestatus verloren; sie zeigen nur auf bewegte Weise, was andere Pflanzen im Verborgenen tun.

Der Rote Gänsefuß im Käfig

Der Rote Gänsefuß von Edgar Wagner hat einen bevorzugten Platz erhalten. Er steht mitten im Raum, rundum abgeschirmt durch engmaschige Drahtwände – und von hellen Lampen angestrahlt wie bei einem Verhör. Und tatsächlich erwarten wir eine Antwort von ihm; er soll auf Kommando ein elektrisches Signal abgeben und es stängelabwärts weiterleiten. Vor unseren Augen. Der große, begehbare Drahtkäfig (Abb. 74) schirmt dabei Störfelder ab, die das schwache Pflanzensignal überdecken könnten – wenn plötzlich der Gebäudeaufzug in Gang gesetzt wird, der Kühlschrank anspringt oder Brian seine Kamera auslöst.

Um den Lauf des Signals zu verfolgen, hat Edgar Wagner an drei Stellen des Stängels Elektroden angebracht, jeweils im

Abb. 74: Topfpflanzen beim Test im Faradaykäfig. Edgar Wagner legt ihnen Elektroden an. Lars Lehner (vorn) zeichnet die Signale auf.

Abstand von zehn Zentimetern. Wie Manschetten schmiegen sie sich an das Gewebe und registrieren jedes durchlaufende elektrische Signal. Auf dem Computerbildschirm außerhalb des Käfigs erscheint es dann als sichtbare Kurve (Abb. 75).

Dr. Lars Lehner demonstriert uns die Empfindlichkeit der von ihm entwickelten Apparatur. Schon die leiseste Berührung einer Elektrode macht sich als kräftig zuckende Zacke auf dem Bildschirm bemerkbar. Und manchmal führt bereits die elektrostatische Aufladung unseres Körpers zu einem Ausschlag – dann ist nicht einmal eine Berührung nötig. Verständlich, dass sich niemand mehr im Käfig aufhalten darf, wenn der eigentliche Versuch beginnt.

Der Rote Gänsefuß hat den Transport aus dem Keller gut überstanden – schließlich ist er mit Ventilatoren groß geworden. Dennoch hat Edgar Wagner ihm zwei Tage gegeben, um sich an den neuen Raum und vor allem auch an die angelegten Elektroden zu gewöhnen. Völlig stressfrei müsse die Pflanze sein, meint er, sonst fahre sie ihre elektrische Aktivität herunter, werde »elektromüde«.

Alles ist vorbereitet. Brian an der Kamera. Lars Lehner am Computer. Edgar Wagner gibt das Startsignal mit dem Feuerzeug: Er sengt eine Blattspitze oben an der Pflanze an – und verlässt den Käfig. Die Antwort des angesengten Blattes sei bereits unterwegs, erklärt Lars. In Kürze müsse ein elektrisches Potenzial die oberste Elektrode durchlaufen. Gebannt starren wir auf den Bildschirm. Noch ist da nur eine etwas zittrige Linie, aber dann baut sich ein kräftiger »Gipfel« auf – und verschwindet wieder: der Durchlauf des Signals. Wir schauen auf

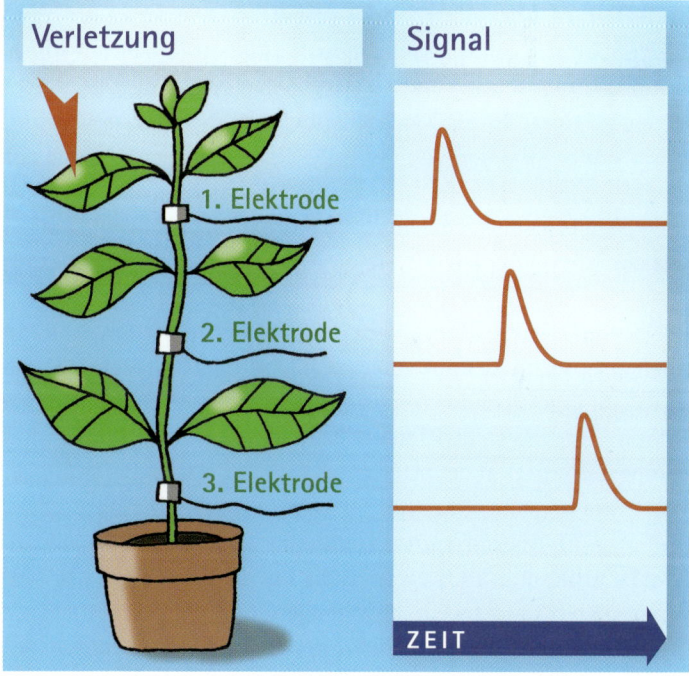

Abb. 75: Nach der Verletzung durchläuft ein elektrisches Signal mit einer Geschwindigkeit von etwa 1 mm/sec den Stängel und passiert nacheinander die Elektroden.

die Uhr. Etwa neunzig Sekunden später zeigt sich das Signal an der mittleren Elektrode und dann, nach weiteren neunzig Sekunden, an der unteren.

Die Messungen an der Laufstrecke ergeben ein klares Bild: Im Schneckentempo pflanzt sich das Signal Richtung Wurzeln fort. Edgar Wagner und Lars Lehner sind zufrieden. Sie hätten sogar schon beobachtet, dass die Wurzeln nach einer »Denkpause« ein Antwortsignal zurück an die Blätter senden. Aber sie fügen gleich hinzu, dass noch niemand wisse, was der Gänsefuß mit diesen Wundsignalen eigentlich bezweckt.

Pflanzen unterhalten ein elektrisches Nachrichtensystem, über das sie ihre unterschiedlichen Organe wie Wurzeln, Spross und Blätter miteinander vernetzen. Wie ihnen das ohne Nervenbahnen gelingt, war eines der großen Rätsel der Pflanzenforschung; schon Charles Darwin hat sich damit herumgeschlagen. Heute ist der Mechanismus in groben Zügen bekannt.

Für kurze Strecken wandern die Signale von einer Zelle zur nächsten; sie benutzen dazu kleine Durchlässe, die für Pflanzenzellen typisch sind. Die elektrische Erregung tastet sich gewissermaßen von Tür zu Tür und kann so jeden Raum erreichen.

Über größere Entfernungen suchen sich die Signale dann doch ihre eigenen Bahnen – sie folgen den Leitbündeln, die durch Stängel, Stiele und Blattadern führen. Diese dünnen Röhren sind zwar für den Safttransport in den Pflanzen zuständig, werden aber mitgenutzt für den Nachrichtendienst. Wer hätte gedacht, dass der Volksmund, der ganz naiv schon immer von »Blattnerven« spricht, gar nicht so weit danebenliegt? Es handelt sich zwar nicht um Nerven, aber um Leitungswege für elektrische Erregungen.

Noch weiß niemand, welche Entfernungen die Signale zurücklegen können. Ob sie tatsächlich vom Wurzelstock einer Eiche über den Stamm bis in die äußersten Blattspitzen gelangen – oder von einem Ast in den anderen.

Zurzeit steht eine Pappel in Hamburg auf dem Prüfstand. Gut geschützt in einem Gewächshaus des Instituts für Holzbiologie. Professor Jörg Fromm will die Reichweite ihrer elektrischen Signale messen. Natürlich könne er nicht die ganze Pappel in einen Faradaykäfig aus Draht packen, erläutert der Leiter der »Holzbiologie«. Stattdessen hat er auf der Teststrecke am Baum jeder Elektrode einen Drahtkorb verpasst; auch so sind elektrischen Störungen auszuschließen.

Der Großversuch ist noch im Gange, und man darf gespannt sein auf die Ergebnisse, denn Jörg Fromm gehört zu den Pionieren der Pflanzenelektrik. Vier Jahre lang hat er in den USA die Signalleitung der Mimose erforscht. Und er stellt sich immer wieder neu die Frage nach dem biologischen Nutzen der pflanzlichen Erregbarkeit. Wir könnten ohne Nerven nicht leben, aber Pflanzen? Wann und wozu setzen sie ihre elektrischen Signale ein?

Selbst bei der gut erforschten Mimose ist nicht geklärt, was sie mit dem Schließen ihrer Blättchen eigentlich bezweckt. Soll der eben gelandete Käfer wieder das Weite suchen, wenn sich plötzlich der Untergrund bewegt? Oder geht es darum, dass die Blätter optisch verschwinden sollen, wenn sie sich zusammenfalten?

Noch schwieriger ist es, bei »gewöhnlichen« Pflanzen den Zweck der Signale aufzuspüren, aber hier sind dem Team um Jörg Fromm aufregende Entdeckungen gelungen. Bei der Hibiskusblüte zum Beispiel. Sobald ihre Narbe mit Pollen bestäubt wird, feuert sie eine ganze Salve von zehn bis fünfzehn Aktionspotenzialen ab. Die Ankunft des anderen Geschlechts hat zu höchster Erregung geführt. Die Spannungspulse laufen abwärts über den Griffel bis in den Fruchtknoten, wo die Eizellen lagern, und kurbeln dort Atmung und Stoffwechsel an: die Vorbereitung auf die kommende Befruchtung (Abb. 76).

Wenn es schnell gehen muss, dann über elektrische Signale – das scheint die Devise der Pflanzen zu sein. Auch Mais-

Abb. 76: Hibiskusblüte. Nach Bestäubung der Narbe schickt sie Aktionspotenziale durch den langen Griffel und »warnt« den Fruchtknoten.

pflanzen halten sich daran: Wenn nach einer Trockenperiode der Boden plötzlich Wasser bekommt, senden die Wurzeln Signale nach oben. Die Blätter werden über den bevorstehenden Zustrom informiert, und sie steigern vorab schon mal die CO_2-Aufnahme aus der Luft. Es soll an nichts mangeln, wenn das fehlende Wasser endlich eintrifft.

Auch die Selbstverteidigung der Pflanzen – wenn sie Gifte und Hormone herstellen – ist meistens ein Wettlauf gegen die Zeit. Es war fast zu erwarten, dass hier nicht nur – relativ langsame – chemische Signale zum Einsatz kommen. Und so ist es auch: Kartoffeln und Tomaten geben elektrische Kommandos, um den Produktionsapparat für Jasmonsäure zu starten – für das Wundhormon, das bei der Pflanzenverteidigung ja eine Schlüsselrolle spielt. Vieles spricht dafür, dass auch andere Pflanzen ihre interne Kommunikation durch ein Zusammenspiel von chemischen und elektrischen Signalen regeln. Wie das bei Tieren der Fall ist – und auch bei uns.

Die Parallelen zwischen Pflanzen und Tieren sind verblüffend. Aber wie weit gehen sie? Verhalten sich Pflanzen tatsächlich wie ganz langsame Tiere? So hat es Edgar Wagner einmal formuliert. Noch ist die Forschungsdisziplin der Pflanzenelektrik zu neu und vieles dabei noch zu sehr im Fluss, um ein Gesamtbild zu erstellen. Selbst die Suche nach passenden Begriffen ist noch im Gange. Einige Botaniker reden bereits von »Wurzelgehirnen« und »Pflanzennerven«. Andere sind entsetzt über solchen »Unsinn« und werfen ihren Kollegen vor, mit der Wortwahl nur Aufsehen in den Medien erreichen zu wollen – oder bei den Politikern, um damit mehr Forschungsgelder loszueisen. Doch die Wogen werden sich glätten, denn letztlich sind die Unsicherheit und Verwirrung auf die schlichte Erkenntnis zurückzuführen: Pflanzen können weit mehr, als die Pflanzenforscher ihnen bislang zugetraut haben.

KAPITEL 10

Ausbreitung: Exotische Reisen für reife Samen

Pflanzenleben mit Risiko

Auch in einer Pflanzenbiografie gibt es dramatische Kapitel, bei denen es um Erfolg oder Scheitern geht. Aber gerade in kritischen Situationen warten unsere grünen Hauptdarsteller mit unerwartet trickreichen Aktionen auf.

Schon bei der Keimung ist ihr Schwerkraftsinn gefordert – um nicht auf die schiefe Bahn zu geraten. Kleine Steinchen weisen den rechten Weg – für die Wurzeln nach unten, für den Spross nach oben. Auch bei der Ernährung kann es zu Engpässen kommen. Ein Ausweg sind hinterhältige Fallen – umgebildete Blätter, die kleine Tierchen ködern und sie als eiweißhaltiges Zubrot verdauen. Das Kapitel Verteidigung ist besonders reich an strategischen Tricks. Sie reichen von wohldosierter Giftabwehr bis zu chemischen Hilferufen an verbündete Tiere. Und um ihre Befruchtung nicht zu gefährden, greifen manche Pflanzen zu Täuschungsmanövern, die auf uns geradezu perfide wirken. Sie locken mit falschen Sexversprechen oder werfen ihre Bestäuber kurzerhand ins Gefängnis.

Doch noch fehlt das letzte Kapitel in einem erfolgreichen Pflanzenleben. Der Nachwuchs muss sich von der Mutter trennen, muss hinaus in die Welt, um eigenen Lebensraum zu erschließen. Man darf erwarten, dass auch diese Etappe mit ungewöhnlichen Tricks und Erfindungen gespickt ist.

Reiseproviant für den Nachwuchs

Der Pflanzennachwuchs ruht in den Samenkörnern. Dort ist tatsächlich ein winziger Pflanzenembryo verborgen, der schon Spross- und Wurzelanlagen zeigt und nur darauf wartet, loszuwachsen – mehr oder weniger weit von der Mutterpflanze entfernt. Doch der Samentransport zum neuen Standort stellt die Pflanzen vor das bekannte Dilemma: Sie sollen einen anderen Ort erreichen, ohne sich vom Fleck rühren zu können.

Mit der Verschickung des Pollens haben die Pflanzen gezeigt, wie es geht. Pollenkörner allerdings sind leicht und winzig, sie wehen wie Staub durch die Luft oder heften sich wie Puder an Insektenhaare. Anders bei Samenkörnern: Sie sind hart und schwer. Ihr Gewicht hat einen guten Grund: Pflanzensamen sind eine Art Raumschiff für den Embryo. Die Wand ist robust und widerstandsfähig, schützt gegen Gefahren von außen, und das Innere ist vollgepackt mit Vorräten – als Starthilfe für das heranwachsende Minipflänzchen, bis es selbst in der Lage ist, sich über Blätter und Wurzeln zu versorgen.

Diese Vorsorgeidee ist offenbar ein »Volltreffer« in der Evolution, denn auch Reptilien und Vögel versorgen ihren Nachwuchs im Ei mit eiweißhaltiger Kraftnahrung, und viele Fische statten ihre Larven mit Dottersäcken als Wegzehrung aus. Es versteht sich von selbst, dass es sich auch bei der »Astronautennahrung« in den Samen um hochwertige Nährstoffe handelt. Schließlich beziehen wir unser täglich Brot aus Getreidekörnern, gewinnen Öl aus Pflanzensamen oder mästen das Vieh mit Kraftfutter aus Mais.

Doch das relativ schwere Gewicht der Samen bedeutet auch erschwerte Transportbedingungen. Fliegende Insekten als Kuriere scheiden aus. Selbst kräftige Hummeln wären mit Getreidekörnern überlastet – ganz zu schweigen von Kirschkernen oder Bohnen. Trotzdem wollen Blütenpflanzen offenbar auf

Abb. 77: Ein Seidenschwanz mit Hagebutte. Die Früchte dienen als wohlschmeckende Verpackung für die zu verschickenden Samen.

den bewährten Einsatz von Tieren nicht verzichten: Sie wenden sich einfach an größere Tiere mit entsprechend größerer Belastbarkeit. Vor allem Säugetiere und Vögel sollen den Samentransport übernehmen. Gegen Belohnung, versteht sich. Die Pflanzen bieten ihnen wohlschmeckende Früchte an – und verstecken darin ihre Samen (Abb. 77).

Wenn ein Kirschbaum von Staren geplündert wird, ist das ganz in seinem Sinn. Und wenn ein Wildschwein einen reifen Apfel frisst, geht die »Rechnung« des Apfelbaums auf. Denn die Samen im Kerngehäuse sind verdauungsresistent und werden andernorts wieder ausgeschieden. Samentransport auf Schweinebeinen. Zudem ist der neue Standort garantiert frisch gedüngt.

Auch wir sind in diesen Früchtehandel miteinbezogen. Es ist kein Zufall, dass uns reifes Obst meist köstlich schmeckt. Die Wertschätzung ist ein Nachhall aus unserer Stammesgeschichte, als wir auf Gedeih und Verderb von Urwaldfrüchten abhängig waren – so wie es Schimpansen heute auch noch sind (Abb. 78).

Schimpansen als Transportmittel

Nachts um 4.30 Uhr sind wir von der Forschungsstation im Kibale-Nationalpark in Uganda aufgebrochen. Im Licht der Taschenlampen und mit dem Kameragepäck auf dem Rücken haben wir versucht, mit Richard Wrangham und seinen einheimischen Mitarbeitern Schritt zu halten. Auf kaum sichtbaren Urwaldpfaden, über Wurzeln und Baumstämme, durch Bäche und Matschlöcher.

Jetzt stehen wir ziemlich erschöpft und nassgeschwitzt unter dem Schlafbaum der Schimpansen. Richards Schimpansen. Seit Jahren untersucht und dokumentiert der Anthropologe und Primatenforscher der Harvard University das Leben

Abb. 78: Ohne Früchte hätten unsere Ahnen im Urwald nicht überleben können. So wurden sie zu wichtigen Samenverbreitern für die Bäume.

dieser Primatengruppe – wie sie sich organisiert, wie sich Freundschaften und Feindschaften entwickeln, wie die Tiere mit Krankheit und Verletzung umgehen und vor allem wie sie sich ernähren. Richards Team hat jedem Tier einen Namen gegeben und kennt seine ganz persönliche Geschichte. Im Augenblick steht der kleine Schimpansenjunge Max im Mittelpunkt; er ist in die Drahtschlinge von Wilderern geraten und hat einen Fuß verloren. Mühsam humpelt er in der Gruppe mit. Wird er überleben? Kann er der Gruppe noch folgen? Und werden seine Mutter und die anderen Rücksicht nehmen?

Das erste Dämmerlicht dringt durch die Baumkronen. Für die Schimpansen beginnt der Tag, für Richard die wissenschaftliche Dokumentation. Gemächlich und noch etwas verschlafen steigen die Affen von den Bäumen. Natürlich haben sie uns längst gesehen, aber wir scheinen Luft für sie zu sein.

Nur ein paar Schritte entfernt ziehen sie vorüber, werfen uns einen kurzen Blick zu und machen sich auf den Weg. Es ist ein künstlich angelegter, gerader Weg, der ursprünglich nur für die Wissenschaftler gedacht war. Sie haben den undurchdringlichen Wald mit längs und quer verlaufenden Pfaden durchzogen – ähnlich wie das Muster der Streets und Avenues in Manhattan –, um überhaupt in die Nähe der Tiere zu gelangen. Aber jetzt benutzen die Schimpansen meistens dieselben Wege. Erhöhte Bequemlichkeit für beide Seiten.

Wir beobachten aus einem »diskreten« Abstand von fünfzehn bis zwanzig Metern, wie die Gruppe vor uns eine Fellpflegepause einlegt (Abb. 79). Von Anfang an sei es das oberste Gebot gewesen, erklärt uns Richard, jede Kontaktaufnahme mit den Schimpansen durch Laute, Gesten oder gar Futtergaben zu vermeiden. So haben sie sich an die Gegenwart der Forscher gewöhnt – und leben ihr Leben wie bisher. Aber manchmal ist

Abb. 79: Schimpansen im Kibale-Urwald in Uganda. Neben der Nahrungssuche ist die gegenseitige Fellpflege ihre Hauptbeschäftigung.

es schwierig, das Nichteinmischungsgebot einzuhalten. Einmal habe er wirklich eingegriffen, gesteht Peter, der einheimische Wildhüter, der die Beobachtungen in Richards Abwesenheit weiterführt. Und dann erzählt er vom Überfall einer fremden Schimpansenhorde, die sich herangeschlichen hatte. Peter wusste, dass solche Begegnungen nichts Ungewöhnliches sind – sie gehören zu den Risiken eines Schimpansenlebens, und er wusste auch, dass es dabei brutal zugehen kann. Aber nun musste er mitansehen, wie zwei kräftige Männchen über Shiwa und ihr Jüngstes herfielen – eine Schimpansenmutter aus »seiner« Gruppe. Sie wurde geprügelt, getreten und blutig gebissen. Dann kam das Kind an die Reihe. Es wurde an Armen und Beinen gepackt, und die Männchen begannen zu ziehen ... Jetzt hielt es Peter nicht mehr aus, er trat aus seiner Deckung und ging auf die Gruppe zu. Mehr war nicht nötig. Die Fremden, die den Anblick von Menschen nicht gewohnt waren, stürzten in Panik davon. »Ich weiß«, sagt Peter abschließend, »wissenschaftlich war das nicht in Ordnung, aber ...«. Hier unterbricht Richard freundlich lachend und ergänzt: »Aber glücklicherweise war Peter auch noch Mensch.«

Unsere Schimpansen haben sich mittlerweile auf eine Baumgruppe verteilt und schieben sich laut schmatzend Blätter in den Mund (Abb. 80). Nur ein Viertel ihrer Nahrung bestehe aus Laub, erklärt Richard, fast den ganzen Rest deckten sie mit Früchten. Und er nennt auch den Grund für diese extreme Liebe zum Obst. Süße Früchte sind reich an Glukose, an Traubenzucker, und genau den brauchen Schimpansen unbedingt als Gehirnnahrung. Sie haben schließlich, nach uns, das größte Gehirn unter den Primaten. Schimpansen ohne Früchte müssen sterben – so fasst Richard seine Kurzvorlesung im Urwald von Kibale zusammen.

Wie auf ein geheimes Kommando verlässt die Schimpansengruppe jetzt die Blätterbäume und verschwindet im dichten Wald – nur ab und zu hören wir noch ein Knacken. Die

Abb. 80: Nur ein Viertel der Schimpansennahrung besteht aus Laub. Für ihr großes Gehirn brauchen sie unbedingt Glukose aus Früchten.

haben zugehört und mitgekriegt, dass sie Früchte suchen müssen, scherzt Richard. Und er könne sich sogar denken, wo sie suchen. Tatsächlich stehen wir eine halbe Stunde später unter einem gewaltigen, weit ausladenden Urwaldriesen – einem *Pseudospondia*-Baum, wie ich lerne, und unsere Schimpansen haben es sich in fünfundzwanzig Meter Höhe gemütlich gemacht. Jeder sitzt auf seinem eigenen Ast und pflückt pflaumenähnliche Früchte von den darüberhängenden Zweigen. Es ist kein stilles Genießen – im Gegenteil: Kehlige Laute und spitze Rufe erfüllen die Baumkrone, als führten die Schimpansen ein angeregtes Tischgespräch.

Seit einigen Tagen reiften hier die ersten Früchte, erklärt Richard, deshalb habe er die Gruppe hier vermutet. Er reicht mir das Fernglas, und für einen Augenblick kann ich sogar den jungen Max entdecken, wie er sich, in der Nähe seiner Mut-

Abb. 81: Der junge Max hat trotz seiner Behinderung einen *Pseudo-spondia*-Baum erklettert und wählt gezielt die reifen Früchte aus.

ter, eine Pflaume in den Mund schiebt. Dann ist er wieder vom Blattwerk verdeckt (Abb. 81).

Die Situation ist entspannt. Das Zusammenspiel von Früchtebaum und Früchtegenießern klappt bestens. Der Baum will die »Pflaumen« loswerden, die Schimpansen wollen sie haben. Was soll da schon schiefgehen? Aber ganz so einfach ist es nicht. Alles hängt vom richtigen Zeitpunkt ab. Aus Sicht des Baums darf die Frucht erst gegessen werden, wenn die Samen im Innern voll entwickelt sind. Sonst wäre der Früchtedeal ein schlechtes Geschäft.

Wie alle Bäume verhindert auch unsere *Pseudospondia* die vorzeitige Ernte durch ein geschicktes Timing: Ihre Früchte bleiben so lange hart und sauer, bis die Samen im Innern ausgereift sind. Erst dann werden sie weich und schmecken süß. Glukose gibt es nur im Doppelpack mit reifen Samen.

Doch Bäume verlassen sich nicht nur auf den Geschmack ihrer Früchtekunden. Sie signalisieren schon von Weitem, welche Frucht gegessen werden sollte – und welche noch Zeit braucht: Die reifenden Früchte verändern ihre Farbe. Meistens wandeln sie sich von Grün in rötliche oder gelbliche Töne und zeigen so bereits aus der Ferne den Reifegrad an. Ein Geschmackstest wird überflüssig – allerdings nur, wenn die Früchteliebhaber den Farbwandel auch erkennen können. Und das ist keineswegs selbstverständlich.

Warum wir Rot sehen

Normalerweise sind Säugetiere blind für Rot; ihre Augennetzhaut, wenn sie denn überhaupt mit Farbrezeptoren bestückt ist, weist nur solche für Grün und Blau auf. Selbst Stiere sehen niemals Rot. Aber Menschenaffen – und wir als ihre nächsten Verwandten – bilden eine Ausnahme. Primaten besitzen einen dritten Rezeptortyp für Rot, und die Wahl für reifes Obst fällt ihnen entsprechend leicht.

Durch das Fernglas ist es deutlich zu erkennen: Zielsicher, mit spitzen Fingern greifen sich die Schimpansen die rot-violetten Pflaumen heraus und stopfen sie in den schon vollen Mund. Die noch grünlichen bleiben unangetastet. Ihr Sinn fürs Rote bringt mehr Glukose – Treibstoff für ihr energiehungriges Gehirn.

Das Farbsehen der Schimpansen passt zu den reifenden Früchten, und die Früchte passen zur Farbtüchtigkeit der Schimpansen. Wer sich dabei an wen angepasst hat, ist schwer zu sagen. Vermutlich haben sowohl die Affen als auch die Früchtebäume ihren Vorteil genutzt und sich nach und nach im Lauf der Evolution auf dieses Farbenspiel eingelassen. Die Wissenschaftler sprechen von Koevolution – einer gemeinsamen Entwicklung zum beiderseitigen Nutzen.

Jedenfalls hat die Tatsache, dass wir den blühenden Klatschmohn oder die leuchtenden Bremslichter als besonders farbintensiv erleben, mit der Samenversendungsstrategie der Urwaldbäume zu tun. Dass sie tatsächlich Erfolg hat, erleben Richard und seine Mitarbeiter jeden Tag: Der Schimpansenkot am Wegesrand steckt voller Früchtesamen. Manche keimen bereits aus; die Magen-Darm-Passage ist ihnen offensichtlich gut bekommen. Wer weiß, vielleicht wächst hier in einigen Jahrzehnten ein neuer *Pseudospondia*-Baum – Ernährungsgrundlage für zukünftige Schimpansengenerationen. Wenn es dann noch wilde Schimpansen gibt.

Der Pflanzentrick, hungrige Tiere für den Samentransport einzuspannen, klappt sogar in scheinbar aussichtslosen Fällen. Nämlich dann, wenn die Samen zerkaut und verdaut werden. Eichenbäume verlassen sich auf Eichhörnchen und Eichelhäher, obwohl dies auf den ersten Blick widersinnig erscheint. Die Hörnchen knacken die Schale und verschlingen das Innere; die Häher erweichen die Schale erst in ihrem Kropf und fressen dann den öl- und stärkereichen Inhalt. In beiden Fällen bleibt nichts zurück, was keimen könnte (Abb. 82).

Doch die Eichenbäume scheinen den Vorsorgetrieb ihrer Kunden zu kennen. Häher wie Hörnchen legen Vorräte an; sie vergraben überschüssige Eicheln und suchen die Verstecke in Notzeiten wieder auf. Das ist zumindest ihre Absicht. Tatsächlich vergessen sie immer wieder einige der Vorratseicheln, und das ist – gut eingepflanzt wie sie sind – deren große Keimungschance.

Eichen spekulieren gewissermaßen auf die Vergesslichkeit der Tiere und helfen sogar kräftig nach: In manchen Jahren, sogenannten Eicheljahren, produzieren sie Früchte in Massen – so viele, dass die Zahl der Verstecke auch das beste Gedächtnis überfordert.

Abb. 82: Der Eichelhäher träg seinen Namen zu Recht . Er packt gleich mehrere Eicheln in seinen Kropf und legt Vorräte für den Winter an.

Verschleppte Veilchen

Wenn die Botaniker von Früchten reden, meinen sie nicht nur Obst oder Beeren, sondern grundsätzlich alle pflanzlichen Samen einschließlich der Zusatzeinrichtungen, die sie schützen und verbreiten. So gesehen sind Früchte ein originelles Arsenal von Samenausbreitungskonstruktionen. Darunter auch solche, die genial sein mögen, aber dennoch zu meinen persönlichen »Hassobjekten« zählen.

Bei unseren Dreharbeiten im Great Basin in Utah mussten wir fast täglich eine Grasfläche überqueren, und hinterher waren wir stets gezeichnet. Die Grassamen trugen spitze Enterhaken und bohrten sich respektlos durch Hosenbeine und Turnschuhe. Und von dort weiter in die Socken und in die Haut. Jeden Abend versuchten wir, die Socken zu »entgrasen« – mit minimalem Erfolg. Die Widerhaken saßen fest.

So fest, dass sie auch zu Hause in Hamburg mühelos zwei Waschgänge überstanden. Samenversand über Kontinente hinweg! Und dies ohne jede Gegenleistung. Keine Spur von einem fairen Früchtehandel wie im ugandischen Urwald! Diese Grassamen krallen sich einfach fest – das Prinzip der Kletten.

Fairerweise möchte ich auch meine Lieblinge unter den Pflanzenfrüchten nicht verheimlichen. Mein erklärter Favorit ist *Viola tricolor*, das dreifarbige Veilchen. Dieses Wilde Stiefmütterchen, wie es meistens nur genannt wird, verfolgt eine Zwei-Stufen-Strategie zum Raumgewinn für seine Samen. Die erste Etappe erledigt es selbst, für die zweite engagiert es fremde Arbeitskräfte.

Wenn die Samenkapsel des Veilchens reif ist, reißt sie an drei Nähten auf und öffnet sich. Sternförmig klappen dann drei Kapselsegmente nach außen, und in jedem ruht ein Häuflein Samen wie in der hohlen Hand. Doch dabei bleibt es nicht: Die »Hände« beginnen sich langsam zu schließen. Der Druck auf die glatten, rundlichen Samen wird größer, und einer nach dem anderen schießt davon – so, wie ein feuchter Kirschkern, zwischen zwei Finger gepresst, plötzlich als Geschoss davonfliegt.

Allzu weit kommt das Veilchen damit nicht – höchstens einen halben Meter schaffen die Samen. Aber wichtiger als die Reichweite ist die Tageszeit. Der Veilchenabschuss erfolgt gezielt in den Mittagsstunden. Dann sind noch keine Mäuse oder Hamster unterwegs, die erst in der Dämmerung aus ihren Löchern kommen. Sie würden sich sofort über die nahrhaften Samen hermachen und sie zerkauen. Über neunzig Prozent der Veilchensamen – so haben Testexperimente ergeben – gingen verloren.

Um die Mittagszeit ist die Lage anders. Jetzt kontrollieren Ameisen das Gelände, und genau damit scheint das Veilchen gerechnet zu haben. Es hat seine ausgeschleuderten Samen mit Ameisenködern versehen, mit ganz besonderen Anhängseln, die aus einer saftigen Mischung von Zucker, Fetten und Eiweißen bestehen. Zudem muss dieses »Ameisenbrot« geradezu verführerisch riechen: Die Ameisen kommen herbeigeeilt, zögern nicht lange und schultern den kompletten Samen für den Abtransport ins Nest. Und auch hier hat das Stiefmütterchen »vorausgedacht« und extra raue Griffstellen an den sonst glatten Samen angebracht. Tragekomfort für die Ameisen.

Der Aufwand zahlt sich aus. Der Veilchennachwuchs wird in das Nest getragen, und dort findet das anhängende Ameisenbrot reißenden Absatz, auch als Nahrung für die Larven. Die Samen selbst sind zu hartschalig für den Verzehr. Sie kommen – Ordnung muss sein! – auf den Müllplatz der Kolonie, der meist direkt neben dem Nest angelegt ist. Für die Veilchensamen ein idealer Nährboden – und ein sicherer dazu: Welche Maus hält sich gerne direkt bei einem Ameisennest auf?

Allerdings dürften manche Ameisen einen eher laxen Umgang mit den Samen pflegen. Möglicherweise naschen sie schon unterwegs am süßen Brot und werfen den Rest beiseite, oder sie machen schlapp und entsorgen ihre Last am Straßenrand. Jedenfalls sind Ameisenstraßen häufig von *Viola tricolor* gesäumt. Wilde Stiefmütterchen wandern auf Straßen in die Welt.

Orchideenkinder: Masse statt Klasse

Wer es darauf anlegt, seine Samen über größere Strecken durch die Luft zu verschicken, muss sie mit Schwebeinrichtungen ausstatten – mit kleinen Haarschirmchen wie der Löwenzahn oder mit Haarbüscheln wie das Wollgras. Der erhöhte Luftwiderstand lässt sie dann so langsam zu Boden sinken, dass jeder Windhauch sie wieder hochwirbeln und verdriften kann.

Dieses Prinzip funktioniert natürlich umso besser, je weniger Ballast die Samen mit sich schleppen.

Orchideen scheinen das konsequent zu Ende gedacht zu haben, denn sie sind auf eine radikale Lösung verfallen: Sie verzichten auf jegliche Vorräte. Das komfortable Samen-Raumschiff schrumpft zur engen Kapsel, und selbst der mitreisende Embryo wird auf wenige Zellen reduziert. Derart abgemagert wiegen Orchideensamen weniger als ein hunderttausendstel Gramm. Wie Staubkörnchen ziehen sie mit dem Wind davon – Hunderte von Kilometern weit.

Doch was nützt die weiteste Reise, wenn man am Ziel ohne Proviant dasteht? Wie will man Wurzeln schlagen in der neuen Welt, wenn Energie und Nahrung fehlen? Orchideenmütter, so viel steht fest, gehen nicht gerade fürsorglich mit ihren Kindern um. Aber die simple Tatsache, dass es noch wilde Orchideen gibt, zeigt den Erfolg auch dieser »unmöglichen« Strategie – obwohl sie sich ganz und gar nicht an dem erprobten »Volltreffer-Rezept« der Evolution orientiert.

Orchideen sind uns schon durch die Virtuosität aufgefallen, mit der sie andere Lebewesen verführen und für sich einspannen. Auch jetzt, wenn es um die Verpflegung ihrer keimenden Samen geht, setzen sie wieder auf andere Organismen – wenn auch nicht aus dem Reich der Tiere. Sie verlassen sich ganz und gar auf Pilze.

Wenn die Raumkapsel auf besiedeltem Gebiet niedergegangen ist, wird sie nicht unbemerkt bleiben. Mit dem Besuch von Einheimischen ist zu rechnen. In der Außenhülle der Kapsel öffnen sich sogar bestimmte Einstiegsluken, um den Eintritt zu erleichtern. Dennoch können ein bis zwei Jahre vergehen, bis die gewünschten Besucher eintreffen – sogenannte Ammenpilze, zu denen auch der Hallimasch gehört. Sobald die Pilzfäden die Kapsel erreicht haben, dringen sie machtvoll ins Innere ein, und der erste Kontakt läuft alles andere als freundlich ab. Der Pilz ist schließlich auf Beutetour; er versucht die

Abb. 83: Die Nestwurz verzichtet auf das grüne Chlorophyll in ihren Zellen. Die bleiche Orchidee lässt sich ganz von Pilzen ernähren.

Pflanzenzellen aufzulösen und als Flüssignahrung in seinem Fadensystem abzutransportieren. So ernähren sich Pilze.

Doch für den Orchideenembryo geht es jetzt um alles oder nichts. Er setzt seinerseits Enzyme ein und beginnt, die eindringenden Pilzfäden zu verdauen. Seine erste Mahlzeit in der Fremde – ein Pilzgericht! Dabei kommt es darauf an, den Pilz nicht ganz zu vertreiben, sondern ihn lediglich in Schach zu halten – gerade so, dass er seine »abgefressenen« Fadenenden wieder erneuert. Auf diese Weise erhält der heranwachsende Orchideenkeimling seine Babynahrung – geliefert von Ammenpilzen.

Orchideen spannen Pilze ein; deshalb können sie auf kostspielige Verpflegungspakete verzichten. Und wenn sich hier und da kein Pilz einstellen sollte… kein Problem: Die Mutterpflanze hat insgesamt mehrere Millionen leichtgewichtiger Samen verschickt. Einer wird es schon packen.

Manche Arten, wie die Nestwurzorchidee, machen gleich noch einen weiteren Schritt. Was als Keimling klappt, könnte doch immer klappen, scheint ihre Devise zu sein, und so lassen sie sich auch für den Rest des Lebens von Pilzen versorgen. Zu hundert Prozent. Sie stellen sogar die eigene Fotosynthese ein und verzichten auf Chlorophyll. Diese Orchideen sehen nicht mehr saftig grün aus, sondern bräunlich gelb. Sie haben die pflanzlichste aller Pflanzeneigenschaften aufgegeben: die Verwertung der Sonnenenergie (Abb. 83).

Irgendwie werde ich das Gefühl nicht los, dass für Pflanzen alles möglich ist. Dass sie imstande sind, jedes Problem zu lösen – wenn man ihnen ein paar Millionen Jahre Zeit lässt.

Epilog

Unsere Reise ins Reich der Pflanzen hat uns bewundernswerte Erfindungen vor Augen geführt: Blütenheizungen, Saugfallen, Fallschirme und Samenschleudern – technische Einrichtungen, die so perfekt arbeiten, als hätten die besten Ingenieure an der Konzeption mitgewirkt. Und auch die Taktik der Pflanzen, auf Tiere zu setzen, um die eigenen Grenzen zu überwinden, ist so bestechend, dass sie von klugen Strategen stammen könnte.

Es war lange Zeit unvorstellbar, wie solche intelligenten Konstruktionen und Leistungen ohne Konstrukteur oder schöpferischen Geist hätten entstehen sollen. Erst mit Charles Darwin wurde klar, dass die Prozesse der Evolution zu ähnlichen Ergebnissen führen können wie die ganz anders gearteten Prozesse in den Nervennetzen unseres Gehirns. Beide Systeme sind in der Lage, intelligentes Design oder intelligentes Handeln hervorzubringen. Entweder durch das Zusammenspiel von Milliarden von Neuronen oder durch die jahrmillionenlange Abfolge von Generationen. Auch dieser unvorstellbar langsam ablaufende Prozess, bei dem sich erfolgreiche Veränderungen Schritt für Schritt durchsetzen, kann zu intelligenten Ergebnissen führen – sowohl im Design als auch im Verhalten. So erklärt sich die viel gepriesene Weisheit und Genialität der Natur – einschließlich betrügender Orchideen und hinterhältiger Kannenpflanzen.

Doch dieselben evolutionären Mechanismen haben schließlich auch Gehirne hervorgebracht – Organe, die nun ihrerseits intelligente Lösungen produzieren. Ohne den Zeitaufwand der Evolution zu benötigen. Mit der Entwicklung von leistungsfähigen, nervenbasierten Steuerungsorganen, sprich: Gehirnen, ist das einzelne Lebewesen intelligent geworden; es kann entscheiden, in die Zukunft planen, Probleme lösen.

Überraschenderweise gibt es diese individuelle Intelligenz bei Pflanzen ebenfalls – zumindest im Ansatz. Sie erkennen mit ihren Sinnen, was um sie herum geschieht, und entscheiden sich für eine angemessene Verhaltensweise. So prüfen sie mit ihren Wurzeln die Bodenverhältnisse und bestimmen danach die Giftdosis in ihren Blättern. Sie identifizieren ihre Fraßfeinde an deren Speichelzusammensetzung und wählen geeignete Abwehrmaßnahmen aus. Sie nehmen über ihre Zellmembranen Erschütterungen wahr und lernen damit umzugehen: Mit erhöhter Standfestigkeit wappnen sie sich gegen die Stürme der Zukunft. Die einzelne Pflanze ist durchaus in der Lage, flexibel zu reagieren und akute Probleme zu lösen. Zum eigenen Vorteil, versteht sich. Und wenn sie in Konkurrenzsituationen gerät, handelt sie beinahe menschlich.

Die Entdeckungen der jüngsten Zeit lassen die Pflanzen in einem anderen Licht erscheinen, und niemand weiß, wie das neue Bild von der Pflanze am Ende aussehen wird. Doch eines lässt sich jetzt schon absehen: Die Intelligenz der Pflanzen zielt nicht darauf ab, die tierischen Gegenspieler um jeden Preis zurückzudrängen und eine totale Vormachtstellung zu errichten. Pflanzen in der Wildnis betreiben eine Verteidigung nach Maß, die durchaus eigene Verluste in Kauf nimmt, aber dafür Ressourcen für andere Bedürfnisse wie Wachstum oder Samenbildung freihält. Es scheint, als hätten sie das größere Ganze im Auge.

Pflanzen leben in einem Gleichgewicht feindlicher Koexistenz mit ihren Widersachern. Nur auf unseren Feldern erlauben wir ihnen diese Verhältnisse nicht. Hier fordern wir den totalen Sieg über die Schädlinge und konkurrierenden Unkräuter – und versuchen, diese mit Pestiziden und Unkrautvertilgungsmitteln selbst aus dem Feld zu schlagen. Wir suchen Dominanz statt Koexistenz, und unsere eigene Intelligenz liefert die Begründung: Eine weniger intensive Landwirtschaft sei unzumutbar und inhuman. Unzumutbar, weil man dann der Konkurrenz unterliege, und unmenschlich, weil man nur so den Hunger besiegen könne. Doch die erhöhten Ernten führen gleichzeitig zu Bevölkerungswachstum und erhöhen damit die Zahl derer, die durch noch höhere Ernten vor dem Hungern bewahrt werden sollen. Ein Teufelskreis, den das Gehirn des *Homo sapiens* bislang nicht durchbrechen konnte – und der darüber hinaus auf Kosten unserer Gesundheit geht. So gesehen sind die Pflanzen bei Weitem klüger als wir.

Danksagung

Man sieht nur, was man weiß. Wenn ich heute den Efeu an der Hauswand oder den Aronstab am Waldrand mit anderen Augen sehe, dann verdanke ich das vor allem den Fachleuten und Pflanzenliebhabern, die sich immer wieder geduldig meine Fragen angehört und ihr Wissen mit mir geteilt haben. Die meisten dieser Experten haben aus der Logik des Erzählfadens heraus ihren Platz im Buch gefunden; ihnen allen möchte ich nochmals für ihre Hilfe danken – und auch für die ansteckende Begeisterung, mit der sie von ihren neuesten Entdeckungen berichteten.

Nicht unerwähnt lassen möchte ich aber die Helfer im Hintergrund, an die ich mich stets – buchstäblich bei Tag und Nacht – wenden konnte, wenn meine Recherchen in eine Sackgasse geraten waren. Jan Kellmann am Max-Planck-Institut für chemische Ökologie wusste in solchen Fällen immer Rat und hat mich auf die neuesten Publikationen hingewiesen. Peter Baufeld vom Julius-Kühn-Institut ließ mich am Countdown zur Bekämpfung des Maiswurzelbohrers teilhaben.

Immanuel Birmelin hat mich auf ebenso charmante wie hartnäckige Weise zu diesem Buch überredet. Und Karlheinz Baumann verdanke ich meine Bekanntschaft mit dem unglücklichen Christian Konrad Sprengel, dem ersten, lange verkannten Blütenökologen der Geschichte.

Besonders dankbar bin ich dafür, dass Johannes Jacob, der

Leiter des C. Bertelsmann Verlags, sich mit Begeisterung auf das Pflanzenthema eingelassen hat und sogar bereit war, eine DVD beizulegen, die optisch ergänzt, was der Text beschreibt und behauptet.

Dieses Joint Venture von Buch und Film wäre allerdings nicht möglich gewesen ohne das Entgegenkommen von Heinz von Matthey, dem Produzenten der beiden für den WDR entstandenen Pflanzenfilme. Auch ihm gilt mein herzlicher Dank.

Register

Bildnachweis

Illustrationen:
S. 144: rechtefrei
S. 253: Volker Arzt
S. 171: Max-Planck-Institut für chemische Ökologie, Jena

Fotos:
Harsh Bais, University of Delaware/USA: 174; Dr. Peter Baufeld/
Julius-Kühn-Institut, Quedlinburg: 169 o., 169 o. r.; Karlheinz Baumann, Gomaringen: 35, 38, 65 o.li, 65 o., 112, 121, 125 o. li., 125 o. r.,
126, 129, 130, 187, 188, 191 o.li., 191 u. li., 191 u. r., 194, 197,
199 o. li., 199 o. r., 204, 205 u. li., 205 u. r., 208, 211, 215, 244, 256,
273; Immanuel Birmelin, Freiburg: 248; DLR Deutsches Zentrum
für Luft- und Raumfahrt, Köln: 29 o. li., 29 o., 31; Eye of Science,
Reutlingen: 105; Nicole Greuel/Institut für Molekulare Physiologie und Biotechnologie der Pflanzen (IMBIO) der Universität Bonn,
Arbeitsgruppe Gravitationsbiologie: 23 o. li., 23 o. r.; Matthias Held/
Universität Neuenburg, Schweiz: 227 u. li., 227 u. r.; Danny Kessler/
Max-Planck-Institut für chemische Ökologie, Jena: 136, 147, 165 o.,
165 u.; Heinz von Matthey, Waiblingen: 142 o. li., 142 o. r., 262; Brian
McClatchy, Waiblingen: 26, 27, 44 o., 74, 75, 82, 89, 133, 134, 137,
151, 152, 155, 158, 160, 161, 163, 170, 225, 229, 252; Dennis Merbach, Offenbach: 17, 44 u., 45, 47 li., 47 r., 49, 52 li., 52 r., 53, 56, 58,
61 o., 61 u., 92, 93 o., 93 u., 95, 98, 99, 239 o., 239 u.; Wilhelm Möller,
Augsburg: 266; Dietmar Nill: 103, 115, 192, 260, 269; Timo Seidel,
Köln: 81, 149, 222; Dieter Szöke, Böblingen: 184, 191 o. r.; Ingo Voll-
mer, Waldbronn: 20; Richard Wrangham/Harvard University, Bos-
ton/USA: 263, 265